まちづくり関係法と登記特例

都市計画法から
くにづくり

五十嵐 徹【著】

日本加除出版株式会社

はしがき

筆者がマンションに関して記述を始めたのは，本社のPR誌「法の苑」に連載した「区分所有法の周辺」で，1996年にこれをまとめて①「マンションを考える12章―区分所有法とその周辺―」を刊行しました。

以来，2002年1月に②「マンション登記法」を刊行し，2018年3月に第5版を刊行し，そのほか，2010年7月に共著として③「Q&A登記に使える公正証書・認証手続」を，2014年1月に第2版を刊行しました。また，2016年11月に④「工場抵当及び工場財団に関する登記」，2019年3月に⑤「各種財団に関する登記」を刊行しました。

そして，マンションから視野を広げて，まちづくり→都市計画に関するテーマにたどり着き，⑥「まちづくり登記法―都市計画事業に関係する登記手続―」を2012年11月に，⑦「土地区画整理の登記手続」を2014年4月に，第2版を2021年1月に，そして，2022年8月に⑧「マンション関係法詳解」を刊行しました。

この度は，まちづくりの基本法ともいえる都市計画法及びその関係法について考えてみようと思い，調査を進めたところ，法令は，次のとおり23区分にわたり，法律数は140に上ることが分かりました。もちろん，その中には，「くにづくり法」というべき法律もあります。

⑴不動産登記法　⑵まちづくり三法　⑶特別都市計画法　⑷特別都市建設法　⑸特区制度　⑹土地基本法　⑺三圏（首都圏，近畿圏及び中部圏）計画　⑻自然環境保護　⑼都市再開発の方針等　⑽地域地区　⑾景観緑三法（みどり三法）　⑿促進区域　⒀被災市街地復興推進区域　⒁都市施設　⒂災害復興　⒃市街地開発事業　⒄地区計画等　⒅エコまち法　⒆農業・農地を活かしたまちづくり　⒇交通機関　(21)災害対策　(22)観光文化都市　(23)その他

また，まちづくり各法令の登記手続に関係する特例規定は，次のとおり，数限りないといえるほどでした。

1不動産登記令第4条の特例等を定める省令（10法律・1法律削除）

2 権利移転等の促進計画に係る不動産の登記に関する政令（6法律）

3 新住宅市街地開発法による不動産登記の手続に関する省令等の廃止（4省令）

4 不動産登記法等の特例規定がある政令

- 土地区画整理法登記令
- 土地改良登記令
- 新住宅市街地開発法等による不動産登記に関する政令
- 密集市街地における防災街区の整備の促進に関する法律による不動産登記に関する政令
- 都市再開発法による不動産登記に関する政令
- 福島復興再生特別措置法による不動産登記に関する政令
- 農地法による不動産登記に関する政令
- 農業振興地域の整備に関する法律等による不動産登記に関する政令
- 農林漁業の健全な発展と調和のとれた再生可能エネルギー電気の発電の促進に関する法律による不動産登記の特例に関する政令
- 入会林野等に係る権利関係の近代化の助長に関する法律による不動産登記に関する政令

5 特例規定が法律中にあるもの

- 都市再開発法（11条，12条）
- マンションの建替え等の円滑化に関する法律（17条，18条）
- 密集法（38条）
- 福島復興再生特別措置法（21条～23条）
- 農地中間管理事業の推進に関する法律（24条～26条）
- 農林漁業の健全な発展と調和のとれた再生可能エネルギー電気の発電の促進に関する法律（2条～7条）
- 首都圏整備法（30条の2・廃止）
- 近畿圏近郊整備法（42条）
- 新住宅市街地開発法（49条）

- 近畿圏整備法（42条）
- 密集法（38条，225条，276条）
- 都市再生特別措置法（109条の10，109条の11，109条19）
- 市街地整備法（47条）
- 民間都市開発特措法（36条）
- 流通業務市街地の整備に関する法律（47条・廃止）
- 大規模災害復興法（36条）
- 東日本大震災復興特別区域法（73条，民法の特例73条の５）
- 福島復興再生特別措置法（17条の29）
- 新都市基盤整備法（65条・特例なし）
- 新住宅市街地開発法（49条）
- 幹線道路の沿道の整備に関する法律（10条の６）
- 沿道整備法（10条の６・特例なし）
- 農地法（13条）
- 農業経営基盤強化促進法（21条・廃止）
- 農業振興地域の整備に関する法律（13条の５）

これらの中には，存在さえも気付かない法令もかなりあります。そこで，この機会に虫眼鏡で見るようにしてチェックし，なんとか日を見るようにしようと思いました。普段の仕事の中で取り扱う機会は少ないですが，存在だけでも記憶に留めておいていただければと思います。

本書の執筆に当たっては，これまで以上に，日本加除出版株式会社の宮崎貴之氏に多大な御苦労をお掛けしました。特に，本書は，形態・内容ともに通常の図書とはかけ離れているため，御理解をいただけるか心配でしたが，杞憂でした。有り難うございます。

2025年２月

五 十 嵐　　徹

【本書の記述方法】

1　見出しを３段階（一部４段階）に細分化し，その箇所には，どういうことが書いてあるかを明らかにしました。見出しは，目次であると同時に索引としても利用できます。

2　文章は，次の公用文及び法令に関する通達等に従いました。ただし，法令を引用する場合は，そのまま表記しました。

a　公用文作成の要領（昭27．4．4内閣甲第16号，昭56.10．1改訂）

b　公用文における漢字使用等について（平22.11.30内閣訓令第1号）

c　法令における漢字使用等について（平22.11.30内閣法制局総総第208号）

3　本文の補足説明などについては，参考事例のコーナーを設けて，説明の仕方を変え，あるいは関連する事項の説明をしました。

4　関係する通達・回答は，法務省民事局のほか国土交通省発出のものを含めました。

5　索引は，事項ごとに区分し，利用しやすいようにしました。用語及び条文は，すべて掲載することは避け，参照すべき箇所のみに限定しました。

6　引用条文は，次のように表記しました。

１条，２条　　１条又は２条　　１条及び２条

２条・１条　　２条が準用する１条

２条；１条　　１条又は２条　　１条及び２条　　２条が準用する１条

【凡　　例】

引用法令（略記したもの）

- 法：不動産登記法
- 令：不動産登記令
- 規則：不動産登記規則
- 省令：不動産登記令第４条の特例等を定める省令
- その他法令等については，本文中にてそれぞれ略記する。

主な参考文献

- 国土交通省都市局市街地整備課監修「都市再開発実務ハンドブック」（大成出版社，2024）
- 澤井聖一「都市・建築・不動産　企画開発マニュアル」（エクスナレッジ，2014-5）
- 坂和章平「まちづくりの法律がわかる本」（学芸出版社，2017）
- 都市計画法制研究会「都市計画法令要覧　令和７年版」（ぎょうせい）
- 後藤浩平「Q&A 所有者不明土地特措法・表題部所有者不明土地適正化法の実務と登記」（日本加除出版，2020）
- 萩原孝次ほか「被災マンションの建物取壊しと敷地売却マニュアル」（民事法研究会，2021）
- 大橋：都市法　大橋洋一（有斐閣，2024）
- まち：まちづくり登記法　拙著（日本加除出版，2012）
- マン：マンション関係法詳解　拙著（日本加除出版，2022）
- 土画：第２版　土地区画整理の登記手続　拙著（日本加除出版，2021）

主な引用文献

２：２＊中西信介　立法と調査（2014．4　No.351）
＊まちづくり三法の見直し―中心市街地の活性化に向けて（調査と情報第513号・2006　経済産業課　横内律子）
２：３＊拙著　第2版　土地区画整理の登記手続1都市計画事業（令３．１.15）
２：５，６＊大規模小売店舗立地法の解説〔第４版〕（経済産業省商務情報政策局流通政策課）
２：６＊畠山直　転機を迎えた商業まちづくり政策―2014年改正中心市街地活性化法に関する検証をとおして（流通第40号　2017．6）
５：４＊西村幸夫　地域の歴史的資源を活かしたまちづくりと歴史まちづくり法の制定（国際文化研修2009春）
６：４＊拙著　第２版　土地区画整理の登記手続（令３．１.15）
６：５＊細田進 鈴木猛　改訂Q&A土地改良の理論と登記実務（平24.１.５）
８：４＊生物多様性地域戦略策定の手引き（令和５年度改定版）環境省
12：３＊板倉英則　大都市地域における宅地供給の促進策について（日本不動産学会誌６巻２号）
12：３＊五十畑弘　図解入門 よくわかる最新 都市計画の基本と仕組み（秀和システム　令２．６）
14：11＊荒畑俊治ほか　河川に関わる法律の体系化（計画行政42巻３号）
14：16＊拙著　マンション登記法第５版（平30．３）
15＊内閣府（防災担当）　復旧・復興ハンドブック（令３．３）
19：10＊（一社）全国農業会議所　農業経営基盤強化促進法の解説　３訂（2024．３）
21：１＊防災行政研究会編集　逐条解説 災害対策基本法 第四次改訂版（ぎょうせい　2024．4）
21：２＊西田玄（前国土交通委員会調査室）　災害対策関係法律をめぐる最近の動向と課題―頻発・激甚化する災害に備えて―（立法と調査　2018．9　No.404）

【目　次】

12　促進区域 …… 107

1　関係一般法令

本書に関係する登記関係の一般法令及びその要旨は，次のとおりである。

1：1　不動産登記法（平16法律123号・令2法律12号改正）

1：2　不動産登記令（平16政令379号・令5政令297号改正）・不動産登記規則（平17省令18号・令6省令7号改正）・不動産登記事務取扱手続準則（平17民二456号通達・令6年4月1日改正）

○不動産登記令等の一部を改正する政令等の施行に伴う不動産登記事務等の取扱いについて（平27民二512号民事局長通達）

○令和6年4月1日以降にする所有権に関する登記の申請について（令和6年3月28日）

民法等の一部を改正する法律（令3法律24号），不動産登記令等の一部を改正する政令（令5政令297号）及び不動産登記規則等の一部を改正する省令（令6省令7号）により，所有権に関する登記の申請の際に必要となる申請情報及び添付情報について，令和6年4月1日以降，以下（略）のとおり変更する。

○不動産登記記録例の改正について（平28民二386号通達）

この記録例に抵触する従前の記録例（平成21年2月20日民二第500号通達，回答等）は，この通達により変更された。

1：3　不動産登記令第4条の特例等を定める省令（平17省令22号・令5省令2号改正）

次の各法による不動産登記法の特例を定める。

1:3:1（19：4）　農地法（1章）

(1)　一の嘱託情報によってすることができる買収による所有権の移転登記

同一の登記所の管轄区域内にある2以上の不動産についての「19：4農

地法による不動産登記に関する政令」2条に掲げる登記（買収による所有権の移転登記）の嘱託は，不動産登記令4条本文の規定にかかわらず，登記の目的又は登記原因が同一でないときでも，一の嘱託情報によってすることができる（1条）。

(2) 一の嘱託情報によってすることができる代位登記

(1)の規定は，(1)の政令7条各号に規定する代位登記の嘱託について準用する（2条）。

＊ 19:4 農地法による不動産登記に関する政令（昭28政令173号）

1:3:2（16：6） 新住宅市街地開発法等（2章）

(1) 一の嘱託情報によってすることができる代位登記

1：3：2：1 新住宅市街地開発法等による不動産登記に関する政令（以下「政令」という。）2条1号及び2号（政令11条～13条において準用する場合を含む。）に掲げる登記の嘱託は，不動産登記令4条本文の規定にかかわらず，登記の目的又は登記原因が同一でないときでも，一の嘱託情報によってすることができる（4条）。

(2) 土地の表題部の登記の抹消における登記記録の記録方法

登記官は，政令4条1項及び5条1項（政令11条～13条で準用する場合を含む。）の嘱託に基づく登記をするときは，土地の登記記録の表題部に土地の表題部の登記事項を抹消する記号及びこれらの規定による嘱託により土地の表題部の登記を抹消する旨を記録し，当該登記記録を閉鎖しなければならない（5条）。

(3) 造成宅地等の表題登記の添付情報

政令6条1項又は7条1項（政令11条～13条において準用する場合を含む。）の嘱託をする場合には，土地の全部についての所在図が国土調査法19条5項による指定を受けた地図であることを証する情報をその嘱託情報と併せて登記所に提供するものとする（6条）。

(4) 一の嘱託情報によってすることができる買戻しの特約の登記等

新住宅市街地開発法33条1項による買戻しの特約の登記の嘱託及び政

令９条１項又は２項の登記の嘱託は，不動産登記令４条本文の規定にかかわらず，一の嘱託情報によってすることができる。この嘱託をする場合には，同項の規定により登記を嘱託する旨も嘱託情報の内容とする（７条）。

＊１：３：２：１新住宅市街地開発法等による不動産登記に関する政令（昭40政令330号）

1：3：3（19：15）入会林野等に係る権利関係の近代化の助長に関する法律（３章）

⑴　一の嘱託情報によってすることができる代位登記

入会林野等に係る権利関係の近代化の助長に関する法律による不動産登記に関する政令２条１号から３号までに掲げる登記の嘱託は，登記の目的又は登記原因が同一でないときでも，当該各号に掲げる登記ごとに，一の嘱託情報によってすることができる（８条）。

⑵　一の嘱託情報によってすることができる同一の入会林野整備計画に定めた土地についての登記等（９条）

同一の入会林野整備計画又は旧慣使用林野整備計画に定めた土地についての政令４条１項の登記の嘱託は，不動産登記令４条本文の規定にかかわらず，登記の目的又は登記原因が同一でないときでも，一の嘱託情報によってすることができる（同条１項）。

⑶　⑵の登記の嘱託において登記事項を嘱託情報の内容とするには，各土地について，権利の消滅，所有権の移転及び地上権その他の登記をすべき権利の設定の順序に従って登記事項に順序を付する（同条２項）。

⑷　登記官は，⑵の登記の嘱託ごとに，同項の規定により付した順序に従って受付番号を付する（同条３項）。

⑸　一の嘱託情報によってすることができる現物出資による登記

同一の出資計画に定めた土地についての政令６条の登記の嘱託は，不動産登記令４条本文の規定にかかわらず，登記権利者ごとに，一の嘱託情報によってすることができる（10条）。

1:3:4（9：4，12：1） 都市再開発法（4章）＊まち3：4：2

⑴　一の申請情報によってすることができる代位登記

都市再開発法による不動産登記に関する政令2条1号～3号の登記の申請は，不動産登記令4条本文の規定にかかわらず，登記の目的又は登記原因が同一でないときでも，各号に掲げる登記ごとに，一の申請情報によってすることができる（11条）。

⑵　土地の表題部の登記の抹消における登記記録の記録方法

登記官は，政令5条1項の土地の表題部の登記抹消の申請に基づく登記をするときは，当該土地の登記記録の表題部に土地の表題部の登記事項を抹消する記号及び都市再開発法90条1項（同法110条5項，110条の2第6項又は118条の32第2項及び都市再開発法施行令46条の15において読み替えて適用する場合を含む。）により土地の表題部の登記を抹消する旨を記録し，当該登記記録を閉鎖しなければならない（12条）。

1:3:5　権利移転等の促進計画に係る不動産登記に関する政令（6章）

申請人以外の者に対する通知（不動産登記規則183条1項1号）の規定は，代位による登記の嘱託登記（政令5条1号）をした場合には，適用しない（16条）。

1:3:6　マンションの建替え等の円滑化に関する法律（7章）

⑴　一の申請情報によってすることができる代位登記

マンションの建替え等の円滑化に関する法律による不動産登記に関する政令2条1号から3号までに掲げる登記の申請は，不動産登記令4条本文の規定にかかわらず，登記の目的又は登記原因が同一でないときでも，当該各号に掲げる登記ごとに，一の申請情報によってすることができる（17条）。

⑵　権利変換による登記における登記記録の記録方法

登記官は，権利変換期日前において，マンションの建替え等の円滑化に関する法律70条4項後段に規定する担保権等の登記に係る権利が同項後段に規定する地役権又は地上権の登記に係る権利に優先し，かつ，優先する担保権等の登記の全部又は一部が登記記録の乙区に記録されている場合には，当該権利の順序に従って，新登記記録の乙区に担保権等登記（政令5条2項の担保権等登記）をし，並びに法律70条1項～3項及び73条により権利が変換されることのない権利に関する登記を移記しなければならない。この場合において，移記前の登記記録の乙区の登記記録は，閉鎖した登記記録とみなす（18条1項）。

1:3:7（1:4:3，9：1，11：2，17：5）密集市街地における防災街区の整備の促進に関する法律（8章）

密集市街地とは，区域内に老朽化した木造建築物が密集して，道路・公園などの公共施設が十分に整備されていないなどによって，特定の防災機能が確保されていない市街地をいう（密集法2条1号）。

(1)　一の申請情報によってすることができる代位登記

密集市街地における防災街区の整備の促進に関する法律による不動産登記に関する「政令」2条1号から3号までに掲げる登記の申請は，不動産登記令4条本文の規定にかかわらず，登記の目的又は登記原因が同一でないときでも，当該各号に掲げる登記ごとに，一の申請情報によってすることができる（19条）。

(2)　土地の表題部の登記の抹消

登記官は，政令5条1項の土地の表題部登記の抹消申請に基づく登記をするときは，当該土地の登記記録の表題部に土地の表題部の登記事項を抹消する記号及び密集市街地における防災街区の整備の促進に関する法律により土地の表題部の登記を抹消する旨を記録し，当該登記記録を閉鎖しなければならない（20条）。

1:3:8（15：6）福島復興再生特別措置法（9章）

(1)　一の嘱託情報によってすることができる代位登記

福島復興再生特別措置法による不動産登記の特例に関する政令2条1号から3号までに掲げる登記の嘱託は，不動産登記令4条本文の規定にかかわらず，登記の目的又は登記原因が同一でないときでも，当該各号に掲げる登記ごとに，一の嘱託情報によってすることができる（21条）。

⑵　申請人以外の者に対する通知に関する規定の適用除外

登記完了通知の規定（不動産登記規則183条１項１号）は，政令２条１号又は２号に掲げる登記をした場合には，適用しない（22条）。

⑶　一の嘱託情報によってすることができる所有権の移転登記

同一の農用地利用集積等促進計画に基づく２以上の不動産についての政令４条の規定による登記の嘱託は，不動産登記令４条本文の規定にかかわらず，登記権利者が同一人である場合には，登記の目的又は登記原因が同一でないときでも，一の嘱託情報によってすることができる（23条）。

○福島復興再生特別措置法による不動産登記に関する政令の取扱いについて（令３民二670号）

1：3：9（19：13）　農地中間管理事業の推進に関する法律（10章）

⑴　一の申請情報によってすることができる代位登記

農地中間管理事業の推進に関する法律による不動産登記の特例に関する政令２条１号から３号までに掲げる代位登記の申請は，不動産登記令４条本文の規定にかかわらず，登記の目的又は登記原因が同一でないときでも，当該各号に掲げる登記ごとに，一の申請情報によってすることができる（24条）。

⑵　申請人以外の者に対する通知に関する規定の適用除外

登記完了通知の規定（不登規則183条１項１号）は，代位登記（政令２条１号，２号）の登記をした場合には，適用しない（25条）。

⑶　一の申請情報によってすることができる所有権の移転登記

同一の農用地利用集積等促進計画に基づく２以上の不動産についての政令４条の規定による登記の申請は，不動産登記令４条本文の規定にかかわらず，登記権利者が同一人である場合には，登記の目的又は登記原因が同一でないときでも，一の申請情報によってすることができる（26条）。

○農地中間管理事業の推進に関する法律（26条の２）による不動産登記の特例に関する政令の取扱い（令５民二532号通達）

農地中間管理事業の推進に関する法律による不動産登記の特例に関する政

令（令4政令395号）が令和5年4月1日付で施行されることに伴い，同令に基づく登記の申請に係る標準的な取扱いについて，「農地中間管理事業の推進に関する法律の基本要綱」の内容のとおり取り扱って差し支えない。この通達により，「農業経営基盤強化促進法による不動産登記に関する政令の取扱いについて（令3民二675号通達）」は廃止された。

1　趣旨

関係政令は，推進法26条の2の規定による不登法の特例を定めるものとする。

2　代位登記関係

農地中間管理機構（以下「機構」という）は，後記4又は5の登記を申請する場合において，必要があるときは，次の①から⑤までに掲げる登記を当該①から⑤までに定める者に代わって申請することができる。

① 土地の表題登記　所有者

② 土地の表題部の登記事項に関する変更の登記又は更正の登記　表題部所有者若しくは所有権の登記名義人又はそれらの相続人その他の一般承継人

③ 所有権の登記名義人の氏名若しくは名称又は住所についての変更の登記又は更正の登記　所有権の登記名義人又はその相続人その他の一般承継人

④ 所有権の保存の登記　表題部所有者の相続人その他の一般承継人

⑤ 相続その他の一般承継による所有権の移転の登記　相続人その他の一般承継人

3　代位登記の登記識別情報関係

① 登記官は，前記2の申請に基づいて④又は⑤に掲げる登記を完了したときは，速やかに，当該登記に係る登記権利者のために登記識別情報を機構に通知しなければならない。

② ①により登記識別情報の通知を受けた機構は，遅滞なく，これを登記権利者に通知しなければならない。

4　既登記の所有権の移転登記の申請関係

推進法 18 条８項の規定により既登記の所有権が移転した場合における所有権の移転の登記は，機構が申請しなければならない。

5　未登記の所有権が移転した場合の登記の申請関係

推進法 18 条８項の規定により未登記の所有権が移転した場合には，機構は，機構を登記名義人とする所有権の保存の登記を申請しなければならない。

6　添付情報関係

前記４又は５の登記を申請する場合には，次の①から③までに掲げる情報をその申請情報と併せて登記所に提供しなければならない。ただし，③に掲げる情報は，機構が登記義務者である場合には，提供することを要しない。

①　農用地利用集積等促進計画の内容を証する情報

②　推進法 18 条７項の規定による公告があったことを証する情報

③　登記義務者又は表題部所有者の承諾を証するこれらの者が作成した情報

7　登記識別情報の通知

①　登記官は，前記４又は５の申請に基づき登記を完了したときは，速やかに，当該登記に係る登記権利者のために登記識別情報を機構に通知しなければならない。

②　①により登記識別情報の通知を受けた機構は，遅滞なく，これを登記権利者に通知しなければならない。

8　法務省令への委任関係

この政令に定めるもののほか，この政令に規定する登記についての登記簿及び登記記録の記録方法その他の登記の事務に関し必要な事項は，法務省令で定める。

1:3:10　新住宅市街地開発法による不動産登記の手続に関する省令等の廃止

次に掲げる省令は，廃止する（附則2条）。

(1)　新住宅市街地開発法による不動産登記の手続に関する省令（昭40省令31号）

(2)　首都圏の近郊整備地帯及び都市開発区域の整備に関する法律による不動産登記の手続に関する省令（昭41省令6号）

(3)　近畿圏の近郊整備区域及び都市開発区域の整備及び開発に関する法律による不動産登記の手続に関する省令（昭47省令71号）

(4)　流通業務市街地の整備に関する法律による不動産登記の手続に関する省令（昭50省令1号）

1：4　権利移転等の促進計画に係る不動産の登記に関する政令（平6政令258号・平成25年6月14日改正・令和2年9月4日改正）による不動産登記法の特例　＊まち4：2

(1)　次の各法による不動産登記法の特例を定める（1条）。

1:4:1（19：16）　特定農山村地域における農林業等の活性化のための基盤整備の促進に関する法律（11条）

9条1項の規定による公告があった所有権移転等促進計画に係る土地の登記については，政令で，不動産登記法の特例を定めることができる。

1:4:2（17：3，18:4）　幹線道路の沿道の整備に関する法律（10条の6）

10条の4の規定による公告があった沿道整備権利移転等促進計画に係る土地の登記については，政令で，不動産登記法の特例を定めることができる。

1:4:3（1:3:7，9：1，11：2，17：5）　密集市街地における防災街区の整備の促進に関する法律（38条）

36条の規定による公告があった防災街区整備権利移転等促進計画に係る土地の登記については，政令で，不動産登記法の特例を定めることができる。

1:4:4（10：1） 都市再生特別措置法（109条の11，109条の19）

⑴　109条の9の規定による公告があった居住誘導区域等権利設定等促進計画に係る土地又は建物の登記については，政令で，不動産登記法の特例を定めることができる（109条の11）。

⑵　109条の17の規定による公告があった低未利用土地権利設定等促進計画に係る土地又は建物の登記については，政令で，不動産登記法の特例を定めることができる（109条の19）。

1:4:5（19：14） 農山漁村の活性化のための定住等及び地域間交流の促進に関する法律（11条）

９条１項の規定による公告があった所有権移転等促進計画に係る土地の登記については，政令で，不動産登記法の特例を定めることができる。

1:4:6（19：12） 農林漁業の健全な発展と調和のとれた再生可能エネルギー電気の発電の促進に関する法律（19条）

⑴　17条の規定による公告があった所有権移転等促進計画に係る土地の登記については，政令で，不動産登記法の特例を定めることができる。

⑵　特例の内容は，次のとおりである。

a　市町村による権利の取得登記の嘱託（２条）

別表上欄に掲げる各法律の規定による公告があった同表中欄に掲げる権利移転等の促進計画に係る不動産について，それぞれ同表下欄に掲げる規定により，所有権が移転し，又は地上権若しくは賃借権が設定され，若しくは移転した場合において，これらの権利を取得した者の請求があるときは，市町村は，その者のために，それぞれ所有権の移転又は地上権若しくは賃借権の設定若しくは移転の登記を嘱託しなければならない。

b　嘱託による登記手続（３条）

２条により登記を嘱託する場合には，不動産登記令３条各号に掲げる事項（申請情報）のほか，前条により登記を嘱託する旨を嘱託情報の内容とし，かつ，当該登記に係る権利移転等の促進計画の種別に応じて，公告があったことを証する情報及び登記義務者の承諾を証する当該登記義務者が作成した情報を嘱託情報を併せて登記所に提供しなければならない。

c　登記識別情報の嘱託者への通知（4条）

登記官は，bの登記を完了したときは，速やかに，登記権利者のために登記識別情報を嘱託者に通知しなければならない。登記識別情報の通知を受けた嘱託者は，遅滞なく，これを登記権利者に通知しなければならない。

d　代位による登記の嘱託（5条）

市町村は，a（2条）により登記を嘱託する場合において，必要があるときは，各号に掲げる登記をそれぞれ当該各号に定める者に代わって嘱託することができる。

e　代位による登記の登記識別情報（6条）

c（4条）は，d（5条）による嘱託に基づいて同条3号又は4号に掲げる登記を完了したときについて準用する。

f　法務省令への委任（7条）

この政令に定めるもののほか，この政令に規定する登記についての登記簿及び登記記録の記録方法その他の登記の事務に関し必要な事項は，法務省令で定める。

(3)　次の省令は，廃止する（附則2条）。

- 新住宅市街地開発法による不動産登記の手続に関する省令（昭40省令31号）
- 首都圏の近郊整備地帯及び都市開発区域の整備に関する法律による不動産登記の手続に関する省令（昭41省令6号）
- 近畿圏の近郊整備区域及び都市開発区域の整備及び開発に関する法律による不動産登記の手続に関する省令（昭47省令71号）
- 流通業務市街地の整備に関する法律による不動産登記の手続に関する省令（昭50省令1号）

○農林漁業の健全な発展と調和のとれた再生可能エネルギー電気の発電の促

進に関する法律に基づく農地法の特例に係る農地法第４条第１項又は第５条第１項の許可があったとみなされたことを証する認定設備整備計画の認定に係る通知書の様式について（平 26 民二 304 号（民二 303 号）依命通知（回答））

2　まちづくり三法

2：1　まちづくり三法の制定

(1)　我が国は，高度経済成長期以降の高速道路等の整備に伴い，モータリゼーションが進展するとともに，大型商業施設や公共施設の郊外立地が進んだ結果，駅周辺など都市中心部（中心市街地）の商店街が衰退傾向を示すようになった。このような状態に歯止めを掛けるため，平成10年に，いわゆる「まちづくり三法」として，２：３都市計画法（昭43法律100号）が改正され，２：６中心市街地活性化法（平10法律92号）及び２：４大規模小売店舗立地法（昭48法律109号・以下「大店立地法」という。）が制定され，中心市街地の活性化が図られることとなった。

(2)　かつては，大規模な集客が予想される大型店の出店に際して，既存の中小店を保護するため，店舗の規模や閉店時間等の調整が行われていた。しかし，近年の中心市街地の衰退状況から，出店するのが中心市街地か郊外かという立地場所も焦点となってきた上，規制緩和や地方分権の流れもあって，平成９年に「大規模小売店舗における小売業の事業活動の調整に関する法律（昭43制定・大店法）」の廃止が決定された。そして，平成10年，大型店の出店調整にとどまらない総合的な観点から，関連法を一体的に推進し，地域の実情に合ったまちづくりを行うことを目的として制定（都市計画法は改正）されたのが，まちづくり三法である。

2：2　まちづくり三法の見直し

まちづくり三法の制定以後も，中心市街地の衰退に歯止めを掛けることができなかったことに加えて，急速な少子高齢化の進展，消費生活の変化等の社会経済情勢の著しい変化が生じるようになった。そこで，コンパクトシティの考え方に基づいて，まちづくり三法の改正が行われた。

(1)　２：６中心市街地活性化法の改正（平成18年８月施行）により，これまでの市街地の整備改善，商業等の活性化だけにとどまらず，都市機能の増進や経済活力の向上という広い視野に立ち，都市政策と商業活性化政策を一体として推進することとした。

具体的には，次のとおりである。

a　中心市街地の活性化に関する基本理念及び責務規定の創設

b　内閣総理大臣を本部長とする中心市街地活性化本部の創設（基本方針案の作成，施策の総合調整，チェック＆レビュー）

c　内閣総理大臣による基本計画の認定制度の創設とそれに伴う支援措置の拡充

d　多様な民間主体が参画する中心市街地活性化協議会の法制化等

⑵　中心市街地活性化法と併せて，２：３都市計画法等も改正（平成19年11月施行）され，立地規制の強化が行われた。都市計画法による規制では，郊外の大型商業施設等の立地を十分に抑制することができなかったことから，大規模小売集客施設が出店することができる用途地域を商業地域，近隣商業地域，準工業地域の３地域に限定するなど，都市計画区域内外におけるゾーニングの強化を図ることとした。

⑶　三大都市圏及び政令指定都市以外の地方都市では，準工業地域において大規模小売集客施設の立地を抑制する特別用途地区を指定することが，中心市街地活性化基本計画の認定を受けるための前提条件とする基本方針に定められた。

⑷　しかし，大店立地法自体の改正は行われず，指針の改正等が行われ，複合施設へ規制を拡張する（小売業とサービス業が一体となった大規模複合施設を同法の対象とする。）とともに，中心市街地活性化法に事業者の責務が規定されたことを踏まえ，大型店等の社会的責任を強化する（大型店等の退店時の対応等について業界が自主的に社会的責任を果たすよう業界ガイドラインの作成を求めることなど）こととした。

（注）　まちづくり三法は，「２：３都市計画法」「２：６中心市街地活性化法」「２：４大規模小売店舗立地法」の総称である。

中心市街地を活性化させるための法律で，昭和49年施行の「大規模小売店舗法（大店法）」の失敗がこの背景にあった。

大店法は，中心市街地の商店街を守るはずであったが，大型商業施設の郊外出店を加速させ，逆に商店街の衰退を招くことになり，いわゆる「シャッター通り」を各地に出現させた。そのため，平成12年に大店法は廃止され，出店規制の一部を緩和した「大規模小売店舗立地法（大店立地法）」が，他の二法の改正と合わせて，「まちづくり三法」として施行された。

ところが，商業施設に限らず，病院や学校などの公共施設まで郊外に移転するようになったため，政府は，さまざまな都市機能を中心市街地に集中させる「コンパクトシティ」構想を打ち出した。＊大橋152

平成18年に改正されたまちづくり三法では，10,000m^{2}を超える大規模な施設に関しては，都市計画法で定められた商業地域，近隣商業地域，準工業地域の三つの用途地域のみに出店を許可しており，郊外への出店は，公共施設も含めて原則として禁止した。

また，特に地方都市では，準工業地域であっても自治体が「特別用途地区」を指定し，出店を抑制する権限を付与した。

＊立法と調査（2014.4　No351　中西信介）

＊まちづくり三法の見直し（2018　石田康宏）

＊まちづくりの法律がわかる本（2017　坂和章平）

＊まちづくり三法の見直し――中心市街地の活性化に向けて（調査と情報第513号・2006　経済産業課　横内律子）

2：3　都市計画法（昭43法律100号・令2法律43号改正・令4法律87号改正）

＊「都市計画制度の位置づけ」（次頁）

都市計画制度の位置づけ

国土交通省

国土計画体系の中での都市計画の位置づけ

土地利用基本計画（国土利用計画法第９条）
各都道府県の区域を対象に、県域を５つの地域に区分し、土地利用の基本的な方向を示す計画

都市地域	農業地域	森林地域	自然公園地域	自然保全地域
都市計画法	農業振興地域の整備に関する法律	森林法	自然公園法	自然環境保全法
都市計画区域	農業振興地域	国有林 地域森林計画対象民有林	国立公園・国定公園 都道府県立自然公園	原生自然環境保全地域 自然環境保全地域 都道府県自然環境保全地域

都市計画法関連法令

都市計画別分類

土地利用関係（地域地区・地区計画 等）
- 建築基準法
- 景観法（景観地区）
- 都市緑地法（緑地保全地域等）
- 港湾法（臨港地区）
- 被災市街地復興法
  （被災市街地復興推進地域）
- 密集法
  （防災街区整備地区計画等）
- 都市再生特別措置法
  （都市再生特別地区）
  等

都市施設関係
- 道路法（道路）
- 都市公園法（都市公園）
- 下水道法（下水道）
- 河川法（河川）
- 流通業務市街地整備法（流通業務団地）
- 津波防災地域づくり法
  （津波防災拠点市街地形成施設）
  等

市街地開発事業関係
- 土地区画整理法（土地区画整理事業）
- 都市再開発法（市街地再開発事業）
- 新住宅市街地開発法
  （新住宅市街地開発事業）
- 首都圏近郊地帯整備法
  （工業団地造成事業）
  等

政策目的別分類

インフラ整備関係	市街地整備関係	都市再生関係	景観・緑地関係	古都・伝統的建造物群保存関係
・道路法 ・都市公園法 ・下水道法 ・河川法　等	・土地区画整理法 ・都市再開発法 ・新住宅市街地開発法 ・首都圏近郊地帯整備法 等	・都市再生特別措置法	・景観法 ・歴史まちづくり法 ・都市緑地法 ・生産緑地法　等	・古都法 ・文化財保護法
防災・復興関係	**流通業務関係**	**臨港関係**	**周辺環境対策関係**	**集落地域整備関係**
・密集法 ・被災市街地法	・流通業務市街地整備法	・港湾法	・航空機騒音対策法 ・沿道整備法	・集落地域整備法

2

出典：国土交通省 HP

本法は，大正８年に誕生し，昭和43年の全面改正を経て，その後も幾多の改正を経て，現行の体系に至っている。

＊拙著：「第２版　土地区画整理の登記手続１都市計画事業」（令３．１．15），まち１

○令２法律43号による改正事項

(1)　地域地区に，居住環境向上用途誘導地区を追加する（８条）。

(2)　地区整備計画には，現に存する農地で農業の利便の増進と調和した良好な居住環境を確保するため必要な土地の形質の変更その他の行為の制限に関する事項を定めることができる（12条の５第７項，58条の３）。

(3)　開発許可の基準には，自己業務用の建築物に係る開発行為については，災害危険区域等の土地の区域を含まない（33条１項８号）。

(4)　災害危険区域等からの移転の目的で行う市街化調整区域内における開発行為については，開発許可できる基準を追加する（34条８号の２）。

(5)　都道府県が条例で市街化調整区域において開発許可を行い得る区域等を定める際に基準とすべき政令は，災害の防止等の事情を考慮して定める（34条11号，12号）。

◎令和４年都市計画法の改正

近年の頻発・激甚化する自然災害に対応するため，災害ハザードエリアにおける開発抑制，移転の促進などを目的に，都市計画法及び都市計画法施行令の一部が改正され，令和４年４月１日に施行された。改正の概要は，次のとおりである。

なお，自己用住宅（いわゆる「分家住宅」）の立地については従前のとおりで，今回の規制対象となっていない（34条14号）。

(1)　災害レッドゾーン（**注１**）における開発の原則禁止（自己居住用の住宅を除く。）（33条１項８号）

これまで，この規定による規制対象は，非自己用の建築物の建築を目的にした開発行為とされていたが，新たに自己業務用の建築物の建築を目的とした開発行為が規制の対象に追加された。

これにより，法律が施行された令和４年４月１日以降は，自己居住用の建築物の建築を目的とした開発行為以外の開発行為は，原則として，災害危険区域，地すべり防止区域，土砂災害特別警戒区域，急傾斜地崩壊危険区域（注２）を開発区域に含むことができなくなった。

⑵　災害レッドゾーンからの移転を促進するための開発許可の特例（新設・34条８号の２）

市街化調整区域内の災害レッドゾーン内に存する住宅等を同一の市街化調整区域の災害レッドゾーン以外の土地に移転する場合の特例が新設された。

許可の対象は，災害レッドゾーン内に存する住宅等が移転先においても用途や規模が同様の建築物であること等が条件となる。

⑶　市街化調整区域の浸水ハザードエリア等（注３）の開発の厳格化（34条11号，12号）

市街化を抑制すべきである市街化調整区域では開発行為が制限されているが，地方公共団体が条例で指定した区域では，特例的に一定の開発行為が可能となる。

区域を指定する場合は，都市計画法施行令で定める基準に従い，地方公共団体が条例で指定をしている。法令が改正されたことにより，地方公共団体が条例で指定する区域には，原則として，災害レッドゾーンや浸水ハザードエリア等を含めてはならないことを明記した。

（注１）　災害レッドゾーンとは，次の区域をいう。

a　災害危険区域（建築基準法39条１項）

地方公共団体は，津波，高潮，出水等による危険の著しい区域を災害危険区域として条例で指定し，住居の用に供する建築の禁止等，建築物の建築に関する制限で災害防止上必要なものを当該条例で定めることができる制度である。

b　土砂災害特別警戒区域（21：７土砂災害警戒区域等における土砂災害防止対策の推進に関する法律９条１項）

土砂災害特別警戒区域（レッドゾーン）は，土砂災害警戒区域（イエローゾーン）のうち，建築物に損壊が生じ，住民等の生命又は身体に著しい危害が生ずるおそれのあると認められる土地の区域で，一定の開発行為の制限及び居室を有する建築物の構造の規制がある。

c　地すべり防止区域（地すべり等防止法３条１項）

関係都道府県知事の意見を聴いて，国土交通大臣又は農林水産大臣が指定した区域である。

（注２）　急傾斜地崩壊危険区域は，次のとおり。

21：９急傾斜地の崩壊による災害の防止に関する法律（急傾斜地法・昭44法律57号）３条に基づき，関係市町村長（特別区の長を含む。）の意見を聴いて，都道府県知事が指定した区域で，急傾斜地崩壊危険区域の指定を要する土地（区域）は，次の各区域を包括する区域である。

a　崩壊するおそれのある急傾斜地（傾斜度が30度以上の土地をいう。以下同じ。）で，その崩壊により相当数の居住者その他の者に被害のおそれのあるもの

b　ａに隣接する土地のうち，急傾斜地の崩壊が助長・誘発されるおそれがないようにするため，一定の行為制限の必要がある土地の区域

（注３）　浸水ハザードエリア等とは，次の土地の区域をいう。

a　21：11水防法の浸水想定区域等のうち，災害時に人命に危険を及ぼす可能性の高いエリア（浸水ハザードエリア）

b　土砂災害警戒区域（21：７土砂災害警戒区域等における土砂災害防止対策の推進に関する法律７条１項・平12法律57号）

(4)　浸水被害防止区域の指定（特定都市河川浸水被害対策法56条１項・平15法律77号）

洪水や雨水によって住民等の生命・身体に著しい危害が生じるおそれがあるとして指定された区域をいう。原則として，流域水害対策計画において床上浸水（水深50cm以上）が想定される区域が対象となる。浸水被害防止区域に指定されると，一定の開発・建築について制限がある。区域の指

定は，都道府県知事等が行う。

(5)　市街化調整区域の開発の厳格化（34条11号，12号）

市街化を抑制すべき区域である市街化調整区域では，開発行為等が厳しく制限されているが，都市計画法34条11号により，市街化区域に隣接，近接等の要件が整った土地の区域のうち，都道府県等の条例で指定した区域（条例区域），また，同条12号（都市計画法施行令36条1項3号ハを含む。）の規定では，開発区域の周辺における市街化を促進するおそれがないと認められる等，都道府県の等の条例で区域（条例区域），目的，予定建築物の用途を限り定めたものは，一定の開発行為等が可能となっている。ただし，都は，同法34条11号に基づく条例を定めていない。また，同条12号に基づく条例のうち，区域については定めていないようである。

令和２年６月の都市計画法の改正では，近年の災害において市街化調整区域での浸水被害や土砂災害が多く発生していることを踏まえ，法律が施行された令和４年４月１日以降は，条例区域や，開発行為及び建築行為を行う区域に，原則として，災害リスクの高いエリアを含むことができなくなったのである。

(6)　土砂災害警戒区域（21：７土砂災害警戒区域等における土砂災害防止対策の推進に関する法律７条１項）

(7)　浸水想定区域（水防法15条１項４号）

浸水想定区域のうち，洪水，雨水，出水又は高潮が発生した場合に住民その他の者の生命又は身体に著しい危害が生ずるおそれがあると認められる次の土地の区域

a　政令８条１項２号ロからニまでに掲げる土地の区域

b　溢水，湛水，津波，高潮等による災害の発生のおそれのある土地の区域

c　優良な集団農地その他長期にわたり農用地として保存すべき土地の区域

d　優れた自然の風景を維持し，都市の環境を保持し，水源を涵養し，土

砂の流出を防備する等のため保全すべき土地の区域

＊「第11版 都市計画運用指針」（令和2年9月）国土交通省

2：4　大規模小売店舗における小売業の事業活動の調整に関する法律（大店立地法・昭48法律109号・平10法律91号廃止）

本法は，「消費者の利益の保護に配慮しつつ，大規模小売店舗の事業活動を調整することにより，その周辺の中小小売業者の事業活動の機会を適正に保護し，小売業の正常な発展を図る」ことを目的とした法律である。平成10年5月1日に廃止され，同年6月に2：5大規模小売店舗立地法（大店立地法）が施行された。

2：5　大規模小売店舗立地法（大店立地法・平10法律91号）

⑴　本法は，大規模小売店舗を設置する者が，その周辺の生活環境の保持のため，施設の設置や運営方法について適正な配慮をすることを確保するよう求めるための手続を定めた法律である。

⑵　平成10年5月に大店法が廃止され，同年6月に制定・公布された。大店立地法は，中小企業者の保護を目的とする大店法とは異なり，地域環境の保持を目的とする社会的規制であり，大規模商業施設の店舗面積の制限を主目的とした大店法とは立法の趣旨が異なり，大型店と地域社会との融和の促進を図ることを主眼としている。このため審査内容も主に，車両交通量など出店による周辺環境の変動に関するものとなり，出店自体については審査を受けなくなった。

これにより，各地で大型資本の出店攻勢が活発化し，特に地方都市や郡部では，ロードサイド店舗の進出により，既存の駅前商店街がシャッター通り化するケースも増加してしまった。

⑶　これらの商店街のシャッター街化は，地元経済の縮小をもたらすだけでなく，徒歩生活圏における消費生活が困難になるという買物難民問題を生む。総務省行政評価局が平成29年7月に発表した「買物弱者対策に関す

る実態調査結果報告書」では，買物難民を「買物弱者」と呼び，商店街の衰退によって高齢者や自家用車を持たない低所得者などを中心に，日常生活を営むことが困難になっていることを指摘している。

農林水産省では，買物難民・買物弱者を「食料品アクセス問題」と位置づけ，食料品アクセス問題ポータルサイトを設置した。

また，自家用車以外の手段ではアクセスしにくい郊外の大規模店舗を中心とする消費生活は，徒歩と公共交通機関での移動を基本とする旧来型の生活スタイルに比べて，環境負荷が高いことにも留意すべき点とされる。

＊「大規模小売店舗立地法の解説〔第４版〕」経済産業省商務情報政策局流通政策課

2：6　中心市街地の活性化に関する法律（中心市街地活性化法・平10法律92号）＊マン2：4：4

(1)　本法は，平成18年に2：3都市計画法及び11：12建築基準法の改正時に，「中心市街地における市街地の整備改善及び商業等の活性化の一体的推進に関する法律」から「中心市街地の活性化に関する法律」に変更となった。

中心市街地における都市機能の増進及び経済活力の向上を総合的かつ一体的に推進するため，内閣に中心市街地活性化本部を設置するとともに，市町村が作成する基本計画の内閣総理大臣による認定制度を創設するなど，様々な支援策を重点的に講じていくこととし，また，地域が一体的にまちづくりを推進するための中心市街地活性化協議会の法制化等の措置を講じることとした。

一方，2：3都市計画法と11：12建築基準法の改正は，大規模集客施設の立地導入が目玉となった。いわゆる「まちづくり三法」の見直しである。

(2)　少子高齢化の進展や都市機能の郊外移転により，中心市街地の商機能の衰退や空き店舗，未利用地の増加に歯止めがかからない状況を打破するため，平成 26 年に本法を改正し，「日本再興戦略」で定められた「コンパクトシティ」の実現に向けて，民間投資を軸とした中心市街地の活性化を図るため，次の措置を講じた。

また，自家用車以外の手段ではアクセスしにくい郊外の大規模店舗を中心とする消費生活は，徒歩と公共交通機関での移動を基本とする旧来型の生活スタイルに比べて，環境負荷が高いことにも留意すべき点とされる。

a　中心市街地への来訪者の増加による経済力の向上を目指して行う事業を認定し，重点支援をする制度を創設する。

b　中心市街地の商業の活性化に資する事業の認定制度及びこれに係る支援措置，道路占有の特例等を創設する。

c　難民・買物弱者を「食料品アクセス問題」と位置づけ，食料品アクセス問題ポータルサイトを設置した。

(3)　少子高齢化の進展や都市機能の郊外移転により，中心市街地の商機能の衰退や空き店舗，未利用地の増加に歯止めがかからない状況を打開するため，平成 26 年に本法を再び改正し，「日本再興戦略」で定められた「コンパクトシティ」の実現に向けて民間投資を軸とした中心市街地の活性化を図るため，次の措置を講じた。

a　中心市街地への来訪者の増加による経済活力の向上を目指す事業を認定して，支援する。

b　中心市街地の商業の活性化に資する事業の認定制度及びこれに係る支援措置，道路占有の許可の特例等を創設する。

(4)　２：５大規模小売店舗立地法の特例（37 条）

都道府県及び地方自治法の指定都市は，認定中心市街地の区域（当該区域内に 65 条 1 項により「第二種大規模小売店舗立地法特例区域」として定められた区域がある場合は，当該定められた区域を除く。）のうち，大規模小売店舗（2 条 2 項）の迅速な立地を促進することにより中心市街地の活性化を図ることが特に必要な区域（「第一種大規模小売店舗立地法特例区域」という。）を定めることができる。

(5) 本法は，平成 26 年に改正された。

少子高齢化の進展や都市機能の郊外移転により，中心市街地における商機能の衰退や空き店舗，未利用地の増加に歯止めが掛からない状況である。そこで，「日本再興戦略」において定められた「コンパクトシティの実現」に向け，民間投資の喚起を軸とした中心市街地の活性化を図るため，次の措置を講じた。

改正法は，平成 26 年 4 月 25 日に公布され，同 7 月 3 日に施行された。

a　中心市街地への来訪者等の増加による経済活力の向上を目指して行う事業を認定し，重点支援する制度の創設

b　中心市街地の商業の活性化に資する事業の認定制度並びにこれに係る支援措置，道路占用の許可の特例等の創設

*「大規模小売店舗立地法の解説〔第 4 版〕」経済産業省商務情報政策局流通政策課

*畠山直「転機を迎えた商業まちづくり政策―2014 年改正中心市街地活性化法に関する検証をとおして」（流通第 40 号　2017. 6）

3　特別都市計画法

特別都市計画法は，太平洋戦争で災害を受けた市（東京都区部を含む。）の復興を促進するため，復興計画，緑地地域等に関して2：3都市計画法等の特例を定めた。特別都市計画法は，次の二つで，いずれも廃止された。

3：1　特別都市計画法（大12法律53号）

大正12年9月1日に起きた関東大震災により被災した東京市，横浜市の復興を促進するため，土地区画整理事業に関して耕地整理法等の特例を定めた。委員会等ノ整理等ニ関スル法律（昭16年法律35号）により廃止された。

3：2　特別都市計画法（昭21法律19号）

昭和21年9月11日に公布された戦争により被災した都市の復興を促進するための法律である。第二次世界大戦後，空襲などで大きな被害を受けた都市は，本法に基づき「戦争で災害を受けた市」（戦災都市）に指定された。「戦災都市」の指定を受けた都市は，全国で115都市に及び，これらの都市は次々と大規模な「戦災復興都市計画」を策定した。

土地区画整理法施行法（昭29法律120号，昭和30年4月1日施行）により廃止された。

4　特別都市建設法

昭和 24 年，政府は，過大な都市計画の実施による財政負担を懸念して，「戦災復興都市計画の再検討に関する基本方針」（昭和 24 年 6 月 24 日閣議決定）を示して，3：1 特別都市計画法に基づく事業規模を大幅に縮小させた。

この政府方針に危機感を抱いたいくつかの都市は，国会に特別法の制定を働きかけ，昭和 24 年から昭和 26 年までの 3 年間で 15 本に及ぶ特別都市建設法が制定された。これらの特別都市建設法は，いずれも地方自治特別法として制定され，住民投票に付された。関係法は後述する。

5　特区制度

⑴　特区制度は，構造改革特区（平成14年関連法成立），総合特区（平成23年関連法成立），国家戦略特区（平成25年関連法成立）の順に成立した。

民間事業者や自治体が新しい事業やサービスに取り組む際，国の法令等の規制が社会ニーズの変化や多様性に追いつけず，事業等の実施の妨げとなっている場合がある。

特区制度は，地域や分野を限定し，国の規制を緩和するなどの特例措置を創設したり，既存の特例措置を活用できるようにすることで，実施困難な事業・施策の実現を図る制度である。実現したい事業があるのに，法による規制や制度が支障になっているという場合，特区でしかできない事業を実現するチャンスである。

⑵　法に基づく特区には，次の３種類がある。

a　構造改革特区制度　地域の特性に応じた規制改革を通じた構造改革の加速と地域が自発性をもって規制の特例措置を活用することにより地域の活性化を促進する。

b　総合特区制度　規制の特例措置に加え，税制，財政，金融上の支援措置により，特定の政策課題の解決に向けた取組を総合的に支援する。

c　国家戦略特区制度　大胆な規制・制度改革を実行し，産業の国際競争力の強化とともに，国際的な経済活動の拠点の形成を図り，国民経済の発展等に寄与する。

特区は，それぞれ異なる特徴があるが，国家戦略特区と構造改革特区との提案を一体で受け付けるなど，連携して運用を行っている。

＊「各特区制度の概要」（次頁）

各特区制度の概要

内閣府地方創生推進事務局

- 特区制度は、**構造改革特区**（平成14年関連法成立）、**総合特区**（平成23年関連法成立）、**国家戦略特区**（平成25年関連法成立）の順番に成立。
- 構造改革特区制度の目的は、**地域の特性に応じた規制改革**を通じた構造改革の加速と、**地域が自発性をもって規制の特例措置を活用**することによる地域の活性化の促進。
- 総合特区制度の目的は、**規制の特例措置に加え、税制、財政、金融上の支援措置**により、**特定の政策課題の解決に向けた取組を総合的に支援**すること。
- 国家戦略特区制度の目的は、**大胆な規制・制度改革を実行**し、**産業の国際競争力の強化**とともに、**国際的な経済活動の拠点の形成**を図り、国民経済の発展等に寄与すること。

	構造改革特区	総合特区	国家戦略特区
制度創設年度	**平成１４年度**	**平成２３年度**	**平成２５年度**
目的	経済社会の構造改革と地域の活性化	経済社会の活力の向上及び維持発展	産業の国際競争力の強化、国際的な経済活動の拠点形成
国による区域の指定	**なし**（全国の自治体が区域計画の申請可）	**あり**（内閣総理大臣が指定）	**あり**（国が政令で指定）
国の検討体制	構造改革特別区域推進本部（**本部長：内閣総理大臣**）	総合特別区域推進本部（**本部長：内閣総理大臣**）	国家戦略特区諮問会議（**議長：内閣総理大臣**）
規制改革の実現手法	省庁間で調整	国と地方の協議会で議論	民間有識者が参加したWG、諮問会議で調整
特区認定数（令和５年９月時点）	**４５８**	**２５**	**１３**<注>

出典：内閣府 HP

5：1　構造改革特別区域法（平14法律189号）

(1)　本法は，実情に合わなくなった国の規制が，民間企業の経済活動や地方公共団体の事業を妨げていることがある。構造改革特区制度は，このような実情に合わなくなった国の規制について，地域を限定して改革することにより，構造改革を進め，地域を活性化させることを目的とする制度である。

(2)　「構造改革特別区域」とは，地方公共団体が当該地域の活性化を図るために自発的に設定する区域であって，地域の特性に応じた特定事業を実施し，又はその実施を促進するものをいう（2条）。

(3)　内閣総理大臣は，地方公共団体が単独で又は共同で行う申請に基づき，当該地方公共団体の区域内の区域であって次に掲げる基準（省略）に適合するものについて，「国際戦略総合特別区域」として指定することができる（8条）。

5：2（12：7）　総合特別区域法（平23法律81号）

(1)　本法は，総合特別区域（総合特区）の設定を通じて，産業の国際競争力の強化及び地域の活性化に関する施策の総合的かつ集中的な推進を図るため，総合特別区域基本方針の策定，総合特別区域計画の認定，当該認定を受けた総合特別区域計画に基づく事業に対する特別の措置，総合特別区域推進本部の設置等について定める（1条）。

(2)　総合特区は，地域の特定テーマの包括的な取組みを規制の特例措置に加え，財政支援も含めて総合的に支援する制度であり，国家戦略特区は，活用できる地域を厳格に限定し，国の成長戦略に資する岩盤規制改革に突破口を開くことを目指した制度である。

(3)　「総合特別区域」とは，国際戦略総合特別区域（8条1項）及び地域活性化総合特別区域（31条1項）をいう（2条）。

(4)　内閣総理大臣は，地方公共団体が単独で又は共同して行う申請に基づき，地方公共団体の区域内の区域で基準に適合するものについて，「国際戦略総合特別区域」として指定することができる（8条)。

(5) 東日本大震災直後に成立した本法には，法の下の平等という点で問題が指摘されていた財政措置が盛り込まれた。地方税である法人事業税や固定資産税の全額減免等が，地方税法で定められた議会の議決なしで決められたからである。

5：3（12：8） 国家戦略特別区域法（平25法律107号）

本法は，「アベノミクス国家戦略特区法」といわれ，国家戦略特別区域（2条）に関して，規制改革その他の施策を総合的かつ集中的に推進するために必要な事項を定め，国民経済の発展及び国民生活の向上に寄与することを目的とする（1条)。

国家戦略特区には，岩盤規制を突破する「特例措置の創設」と，実現した特例措置を実際に活用する「個別の事業認定」の二つのプロセスがある。「特例措置の創設」のための提案は，事業を実施するにあたって必要な規制緩和を国に対して提案することができる。

「個別の事業認定」では，既に特区法により措置されている規制緩和（規制緩和メニュー）の適用を提案することができる。

認定区域計画に基づく事業に対する規制の特例措置等には，公証人法の特例（公証人役場外定款認証事業を実施する場所　12条の2）などもある。

各特区の基本方針（閣議決定・要旨）は，次のとおりである。

(1) 国家戦略特別区域基本方針

国家戦略特区は（略）大胆な規制・制度改革を通して経済社会の構造改革を重点的に推進することにより，産業の国際競争力の強化とともに，国際的な経済活動の拠点の形成を図り，もって国民経済の発展及び国民生活の向上に寄与することを目的とする。

国家戦略特区制度は，大胆な規制・制度改革によって，「岩盤規制」の突破口を開き，民間の能力が十分に発揮できる，世界で一番ビジネスのしやすい環境を整備し，経済成長につなげることを目的としている。

(2)　構造改革特別区域基本方針

全国的な規制改革の実施は，様々な事情により進展が遅い分野があることを踏まえると，地方公共団体や地域の実情に精通したNPO，民間企業等の立案により，地域が自発性を持って構造改革を進める特区制度の意義は今後においても大きいと考えられる。また，持続可能で活力ある地域の形成のため，やる気のある地域が独自の取組や地方と都市とのヒト・モノ・カネの交流・連携を推進し，知恵と工夫にあふれた「魅力ある地域」に生まれ変わるための努力を，政府を挙げて応援していくことが必要である。特区制度については（略）地域の活性化を図る支援施策としての意義も重要であり，今後一層の充実を図ることが必要である。

(3)　総合特別区域基本方針

総合特区制度は，政策課題の解決を図る突破口とするため，地域の資源や知恵を地域の自立や活性化に向けて最大限活用し，政策課題解決の実現可能性の高い区域における取組に対して，国と地域の政策資源を集中させることにより，国際戦略総合特別区域については産業の国際競争力の強化，地域活性化総合特別区域については地域の活性化を推進し，我が国の経済社会の活力の向上及び持続的発展を図るものである。具体的には，地域の包括的・戦略的な取組を，規制の特例措置及び税制・財政・金融上の支援措置（略）により，地域の実情に合わせて総合的に支援するとともに，総合特区ごとに組織される国と地方の協議会で国と地域の協働プロジェクトとして推進する。

(4)　関係法の特例規定は，次のとおりである。

a　公証人法の特例（12条の2）

国家戦略特別区域会議が，特定事業（8条2項2号）として，公証人役場外定款認証事業（国家戦略特別区域内の場所（公証人法18条1項に規定する役場以外の場所に限る。））において，公証人が会社法（30条1項）並びに一般社団法人及び一般財団法人に関する法律（13条及び155条による定款の認証を行う事業）を定めた区域計画について，内閣総理大臣の認定を申請し，その認定を受けたときは，認定の日以後は，公証人は，公証人法（18条2項本文）の規定にかかわらず，区域計画に定められた場所（2項）において，定款認証に関する職務を行うことができる（1項）。

前項の区域計画には，公証人役場外定款認証事業を実施する場所を定めるものとする（2項）。

b　建築基準法の特例（15条）

国家戦略特別区域会議が，特定事業として，国家戦略建築物整備事業を定めた区域計画について，内閣総理大臣の認定を申請し，その認定を受けたときは，認定の日において，国家戦略建築物整備事業の実施主体として当該区域計画に定められた地方公共団体に対する承認（建築基準法49条2項）があったものとみなす。

c　土地区画整理法の特例（20条）

国家戦略特別区域会議が，特定事業として，国家戦略建築物整備事業を定めた区域計画について，内閣総理大臣の認定を申請し，その認定を受けたときは，認定の日において，国家戦略建築物整備事業の実施主体として当該区域計画に定められた地方公共団体に対する承認（建築基準法49条2項）があったものとみなす。

d　都市計画法の特例（21条）

国家戦略特別区域会議が，特定事業として，国家戦略都市計画建築物等整備事業を定めた区域計画について，内閣総理大臣の認定を申請し，その認定を受けたときは，認定の日において，国家戦略都市計画建築物等整備事業に係る都市計画の決定又は変更がされたものとみなす。

e　都市再開発法の特例（24条）

国家戦略特別区域会議が，特定事業として，国家戦略市街地再開発事業（次表の上欄に掲げる者を実施主体として行われる市街地再開発事業であって，同表の中欄に掲げるもの）を定めた区域計画について，内閣総理大臣の認定を申請し，その認定を受けたときは，認定の日において，それぞれ当該実施主体に対する次表下欄に掲げる認可があったものとみなす。

f　中心市街地の活性化に関する法律の特例（24条の3）

国家戦略特別区域会議が，特定事業として，国家戦略中心市街地活性化事業を定めた区域計画について，内閣総理大臣の認定を受けたときは，認定の日において，当該国家戦略中心市街地活性化事業の実施主体として当該区域計画に定められた市町村に対する中心市街地活性化基本計画についての認定があったものとみなす（1項）。

g　都市再生特別措置法の特例（25条）

国家戦略特別区域会議が，特定事業として，国家戦略民間都市再生事業を定めた区域計画について，内閣総理大臣の認定を受けたときは，当該認定の日において，当該国家戦略民間都市再生事業の実施主体に対する計画の認定があったものとみなす。

(5)　特区は，平成26年5月1日に，新潟市のほか，東京圏，関西圏などの各市が指定され，近年では，令和4年4月15日にデジタル田園健康特区として，3市町が指定されている。認定事業数は75，事業数は478ある。

5：4（11：8，17：4）　地域における歴史的風致の維持及び向上に関する法律（歴史まちづくり法・平20法律40号）

(1)　我が国のまちには，城や神社，仏閣などの歴史上価値の高い建造物が，また，その周辺には，町家や武家屋敷などの歴史的な建造物が残されている。そこで，工芸品の製造・販売や祭礼行事など，歴史と伝統を反映した人々の良好な市街地の環境（歴史的風致）生活が営まれ，それぞれ地域固有の風情，情緒，たたずまいを醸し出している。歴史まちづくり法は，このような良好な環境を維持・向上させ，後世に継承する目的で制定された（1条）。

(2)　主な内容としては，

- 国による「歴史的風致維持向上基本方針」の策定（2章）
- 市町村が作成する「歴史的風致維持向上計画」の国による認定（3章）

・認定を受けた「歴史的風致維持向上計画」に基づく特別の措置（4章）
・「歴史的風致維持向上地区計画」制度の創設（5章）

などがある。

(3) 本法では，市町村が作成する「歴史的風致維持向上計画」には，「重点区域」を定めなければならない（5条2項2号）が，「重点区域」は，重要文化財，重要有形民俗文化財又は史跡名勝天然記念物として指定された建造物の用に供される土地の区域及びその周辺の土地の区域又は重要伝統的建造物群保存地区内の土地の区域及びその周辺の土地の区域であることが条件となっている（2条2項1号）。

(4) 「歴史的風致維持向上計画」には，「市町村の区域における歴史的風致の維持及び向上に関する方針」（5条2項1号）を記載する必要がある。

(5) このようにして市町村が「歴史的風致維持向上計画」を作成し，国の認定があると，歴史まちづくり法に基づく様々な特別の措置や国による支援が受けられることになる。

＊西村幸夫「地域の歴史的資源を活かしたまちづくりと歴史まちづくり法の制定」（国際文化研修 2009 春）

6　土地基本法

関係省庁が一体性を持って，時代の要請に対応した土地政策を講じることができるよう，施策の基本的な事項を示す。

6：1　土地基本法（平元法律84号・令2法律12号改正）

⑴　本法は，1980年代後半の異常な地価高騰に対処するために，今後の土地政策の基本理念を表明した法律で，土地利用に関する公共の福祉の優先，計画に従った適正な利用，投機的土地取引の抑制，地価の上昇に応じた受益者負担などの原則の確立により，土地需給の緩和を企図した。土地政策審議会の設置も規定した。

平成4年には，その理念に基づいて，2：3都市計画法及び11：12建築基準法が大幅に改正された。

⑵　適正な土地利用の確保を図りつつ，正常な需給関係と適正な地価形成を図るための土地対策を総合的に推進し，国民生活の安定向上と国民経済の健全な発展に寄与することをその目的とする（1条）。

⑶　土地についての基本理念として，公共の福祉の優先，適正な利用及び計画に従った利用，投機的取引の抑制，価値の増加に伴う利益に応じた適切な負担を定めるほか，土地利用計画の策定，土地政策審議会などについても規定している。

⑷　土地基本法に基づく土地基本方針（令和3年5月変更）について，令和4年8月から国土審議会（土地政策分科会企画部会）で議論を重ねられ，新たな施策等を盛り込んだ変更が令和6年6月11日閣議決定された。

土地基本方針は，土地基本法に基づき，関係省庁で一体性を持って，時代の要請に対応した土地政策が講じられるよう，施策の基本的な方向性を取りまとめるものである。

新しい土地基本方針においては，「サステナブルな土地の利用・管理」の実現を全体目標とし，限られた国土の有効利用や適正な管理を進めるための施策を総合的に推進する。

主な内容は，次のとおりである。

a　適正な土地の利用及び管理の確保を図るための措置等に関する基本的事項

- 非宅地化を含む土地の円滑な利用転換，継続的な管理を確保するための新たな枠組の構築
- 改正空家法による総合的な取組，空き地対策との一体的推進
- 不適切な土地利用等を防ぎ生活環境保全，災害防止等を図る方策の検討
- 工場跡地，廃墟等の有効利用や管理不全の防止を図るための対応の検討など

b　土地の取引に関する措置に関する基本的事項

- 空き家・空き地バンクの活用等による需給マッチングの推進など

c　土地に関する調査，情報提供等に関する基本的事項

- 地籍調査の現地調査手続の円滑化，都市部における法務局地図作成事業の計画的な実施
- 不動産に関する多様なオープンデータを同じ地図に表示できる不動産情報ライブラリの活用など

d　土地に関する施策の総合的な推進を図るために必要な事項

- 流域関係者の協働による「流域治水」の取組の推進
- 不動産鑑定士の担い手確保，土地・不動産のプロフェッショナル人材の確保・育成など

【参考】

土地基本方針（令和６年６月11日閣議決定）の概要　国土交通省

基本的な考え方

現状・課題

(1)　人口減少・少子高齢化，世帯数の減少

⑵　東京圏等への集中・偏在，アフターコロナ時代の多様な生活様式への転換，DX，GX 等の進行
⑶　気候変動の影響等による災害の激甚化・頻発化
取組の方向性・目標
○宅地化を前提とした土地政策から軸足を移し，広域的・長期的な視点をもって，限られた国土の土地利用転換やその適正管理等を進める“「サステナブルな土地の利用・管理」の実現”を目標に施策を総合的に推進
○地域の実情に応じた土地の適正な利用転換や的確な利用・管理，円滑な流通・取引等を確保するため，既存施策の拡充や新たな施策の導入
↓　↓
土地に関する施策（主な新規・拡充事項等）
第１章　土地の利用及び管理に関する計画の策定等並びに適正な土地の利用及び管理の確保を図るための措置に関する基本的事項
１．低未利用土地，所有者不明土地等への対応に関する措置
→非宅地化を含む土地の有効利用への円滑な転換，継続的な管理を確保するための新たな枠組の構築
→改正空家法による総合的な取組，空き地対策との一体的推進
→所有者不明土地法に基づく制度の活用推進
２．土地の状況に応じた土地の有効利用及び適正管理に関する措置
→災害発生に備えた事前復興まちづくり計画の策定促進
→グリーンインフラ等の総合的・体系的な推進
→不適切な土地利用等を防ぎ生活環境保全，災害防止等を図る方策の検討
→工場跡地，廃墟等の有効利用や管理不全の防止を図るための対応の検討
→重要土地等調査法に基づく土地等利用状況調査等の着実な実施
３．地域の特性に応じた適正な土地の利用及び管理に関する措置
→「まちづくり GX」の推進
→区分所有法制の見直し
→土壌汚染の適切なリスク管理対策の推進
→国・都道府県で確保すべき農用地の面積の目標の達成に向けた措置の強化
→土地利用転換や関連都市インフラの整備による産業立地の促進等
第２章　土地の取引に関する措置に関する基本的事項
１．不動産市場の環境整備による活性化・流動性の確保
→空き家・空き地バンクの活用等による需給マッチングの推進
２．国土利用計画法に基づく土地取引規制制度の適切な運用等
第３章　土地に関する調査，情報提供等に関する基本的事項
１．土地に関する調査の実施と不動産登記情報の最新化

→地籍調査の現地調査手続の円滑化，調査困難な都市部・山村部での調査推進
→都市部の地図混乱地域における法務局地図作成事業の計画的な実施
2．不動産市場情報の整備の推進
→地価や不動産取引価格情報など，市場動向を的確に把握する情報の整備と提供
3．土地に関する多様な情報の提供
→不動産に関する多様なオープンデータを同じ地図に表示できる不動産情報ライブラリの活用
4．DX の推進による土地政策の基盤強化
→地理空間情報を活用した「建築・都市の DX」の推進
→不動産登記データベースの関係機関への提供
第4章　土地に関する施策の総合的な推進を図るために必要な事項
1．多様な主体間の連携協力（国・地方公共団体，専門家等）等
→流域関係者の協働による「流域治水」の取組の推進
2．多様な活動を支える人材・担い手の育成・確保，必要な資金の確保
→不動産鑑定士の担い手確保，産官学における土地・不動産のプロフェッショナル人材の確保・育成
3．土地に関する基本理念の普及等
4．PDCA サイクルによる適時の見直し等

6：2　国土形成計画法（昭 25 法律 205 号・令 2 法律 12 号改正）

(1)　本法は，国土の自然的条件を考慮して，経済，社会，文化等に関する施策の総合的見地から国土の利用，整備及び保全を推進するため，国土形成計画の策定その他の措置を講ずることにより，国土利用計画法による措置と相まって，現在及び将来の国民が安心して豊かな生活を営むことができる経済社会の実現に寄与することを目的とする（1条）。

(2)「国土形成計画」とは，国土の利用，整備及び保全を推進するための総合的かつ基本的な計画をいい（2条），全国計画（6条2項）と広域地方計画（9条2項）とし，国が策定する計画のうち，国土の利用に関するものについては，6条による全国計画を基本とする。

(3) 令和5年7月28日に国土形成計画（全国計画）を変更する閣議決定があった。

本計画は，「時代の重大な岐路に立つ国土」として，人口減少等の加速による地方の危機や，巨大災害リスクの切迫，気候危機，国際情勢を始めとした直面する課題に対する危機感を共有し，こうした難局を乗り越えるため，総合的かつ長期的な国土づくりの方向性を定めるものである。

国土の姿として「新時代に地域力をつなぐ国土」を掲げ，その実現に向けた国土構造の基本構想として「シームレスな拠点連結型国土」の構築を図ることとしている。

6：3 国土利用計画法（昭49法律92号）

(1) 本法は，国民にとって日常生活の基盤となる土地（国土）の総合的・計画的な利用を図ることを目的として制定された。

国土の適切・効率的な利用の妨げとなる土地取引や，地価の上昇を招く恐れのある土地取引について，様々な規制（届出・許可制度）を定めている。

現在は「事後届出制」として，一定規模以上の土地の権利取得者（譲受人）に対して土地売買等の契約後の届出を義務づけている。この届出がされると，市長らは，その土地の利用目的を審査し，必要があれば届出者に対して助言や勧告をするなど，適切な土地利用を図るための措置を行う。

(2) 本法の規定は，土地利用計画の策定と土地取引の規制に分かれる（1条）。

土地利用計画の中心となるのは，都道府県ごとに作成される土地利用基本計画（9条1項）であり，全国を，都市地域，農業地域，森林地域，自然公園地域，自然保全地域の五つの類型に区分している（同条2項）。

土地に関する権利の移転等の届出（5章）を要するのは，原則として，取引面積が，市街化区域は2,000平方メートル，都市計画区域（市街化区域を除く。）は5,000平方メートル，それ以外の区域は1万平方メートル以上の取引である。

(3) 土地取引の規制については，国土を地価上昇による影響の度合いに応じ，次のとおり定めている。

a　規制区域（12条）

規制区域とは，都市計画区域では，土地の投機的取引が集中して地価が急激に上昇し，又は上昇するおそれがある区域について，都市計画区域以外の区域では，上記の事態が生ずる場合，その事態を緊急に除去しなければ適正で合理的な土地利用が難しいと認められる区域について，都道府県知事が５年以内の期間を定めて指定した区域をいう。

規制区域に指定されると，土地の取引面積に関わらず，土地に関する権利の移転等（土地売買契約）については，都道府県知事（政令指定都市の場合は市長）の許可が必要となる（14条1項）。ただし，取引の制限につながるため，６：３国土利用計画法の施行以後，規制区域に指定された区域は現在のところ存在しないようである。

b　注視区域（27条の3）

注視区域は，地価が一定期間内に相当な程度を超えて上昇し，又は上昇するおそれがある区域である。注視区域内において土地取引を行う場合，一定面積以上の土地，一団の土地の取引を行うときは，都道府県知事に対して事前に届出が必要である。

なお，注視区域は，現在までに指定された区域は存在しないようである。

c　監視区域（27条の6）

監視区域は，地価が急激に上昇し，又は上昇するおそれがあり，適正な土地利用が困難となるおそれがある区域をいう。監視区域に指定されると，都道府県が規則で定める面積以上の土地取引をする場合は，都道府県知事に対して事前に届出が必要である（27条の7）。

監視区域は，現在では，東京都小笠原村のみが指定されている。

d　区域指定なし

規制区域・監視区域・注視区域以外の土地で，一定面積以上の土地，一団の土地の取引を行う場合は，原則として，土地売買契約後２週間以内に，土地の利用目的及び取引価格を都道府県知事（政令指定都市の場合は市長）に届出が必要である（23条）。

【参考】国土利用計画法に基づく国土利用計画及び土地利用基本計画に係る運用指針（令和６年６月 国土交通省国土政策局不動産・建設経済局）

6：4　土地区画整理法（昭29法律119号）

土地区画整理事業は，我が国の市街地整備を代表する手法であり，都市の再生・再構築を進めていく上で，制度の適切な運用を図っていくことは極めて重要である。この土地区画整理事業制度の運用については，経済対策等における土地区画整理事業制度の適切な運用に対する要請などを踏まえ，国として，その運用に関し適切な支援をすることが求められている。

このような背景を踏まえ，「土地区画整理事業運用指針」は，都市計画制度の中で，事業内容が複雑でかつ個人の権利の変換などが行われ公平公正な事業の執行が求められる土地区画整理事業について，国としての基本的考え方や制度の運用の参考となる事項を整理し，土地区画整理事業の活用と適正かつ円滑な執行を支援するため作成された。

○土地区画整理登記令（昭30政令221号）

本政令は，法107条２項の規定による登記の申請に関する事項及び同条４項の規定による不動産登記法の特例を定める。

○土地区画整理登記規則（平17省令21号）

＊拙著：「第２版 土地区画整理の登記手続」（令３．１．15）

6：5　土地改良法（昭24法律195号・令４法律56号改正）

本法は，農業の生産性の向上や総生産の増大などを目的とし，農用地の改良・開発・保全・集団化に関する事業に必要な事項を定めている。耕作や家畜の放牧，養畜の業務のための採草の目的に供される土地を「農用地」とし，「土地改良事業」として，主に次の事項を定めている。

⑴　農業用用排水施設，農業用道路その他農用地の保全又は利用上必要な施

設の新設，管理，廃止又は変更

⑵　区画整理による農用地の造成工事及び改良・保全に必要な工事の施行

⑶　埋め立て又は干拓

⑷　農用地又は土地改良施設の災害復旧

⑸　農用地に関する権利などの交換分合

⑹　その他農用地の改良又は保全のために必要な事業

○令和４年に次の改正があった。

⑴　急施の防災事業の拡充

国又は地方公共団体が，自らの判断により実施し，原則として事業参加資格者の費用負担及び同意を求めない防災事業の対象に，農業用用排水施設の豪雨対策を追加する。

改正前は，地震対策のみが対象であった（87条の４，96条の４）。

⑵　農地中間管理機構関連事業の拡充

都道府県が，農地中間管理権の設定された一定のまとまりのある農地において，農地中間管理機構の同意により実施し，事業参加資格者の費用負担を求めない基盤整備事業の対象に，農業用用排水施設，暗渠排水等の整備を追加する。

改正前は，区画整理及び農用地の造成のみが対象であった（87条の３，88条）。

○土地改良登記令（昭26政令146号）

○土地改良登記規則（平17省令20号）

＊細田進　鈴木猛「改訂Q&A土地改良の理論と登記実務」（平成24.１.５）

7　三圏（首都圏，近畿圏及び中部圏）計画

(1)　我が国の国土計画揺籃期においては，東京一極集中をはじめとする大都市圏の過密問題に対処するべく大都市圏制度の構築が取り組まれ，7：2首都圏整備法（昭和31年），7：4近畿圏整備法（昭和39年），7：6中部圏開発整備法（昭和41年）が順に制定された（以下「三圏計画」という。）。三大都市圏の整備に関して基本法としての性格を有するものである。

(2)　これらの法律に基づき，三大都市圏において政策区域が指定され，また首都圏整備計画，近畿圏整備計画及び中部圏開発整備計画（三圏計画）が作成されている。

現行の三圏計画は，平成27年8月に閣議決定された国土形成計画（全国計画）及び平成28年3月に決定されたブロック毎の広域地方計画との調和を図るため，同年同月に改定したものである。

(3)　一方，国土全体の計画については，全国総合開発計画が1962年に策定され，五次にわたる策定の後，現在の国土形成計画に継承されている。

1960年頃の国土の状況は，大都市圏の都心に人口と産業が集中したことによる通勤ラッシュが問題視され，また，無秩序な市街化が進展していることも問題視されていた。こうした認識から，人口・産業を都心部の外側（郊外地域）に誘導する事を計画の旨として三圏計画が策定されたのである。

(4)　三圏計画の中では，大都市圏内に三つの政策区域（都市整備区域，都市開発区域，保全区域）が指定されている。現行の三圏計画は，平成27年8月に閣議決定された国土形成計画（全国計画）及び平成28年3月に決定されたブロック毎の広域地方計画との調和を図るため，同年同月に改正したものである。

- 首都圏整備計画（首都圏整備法2条1項）
- 近畿圏整備計画（近畿圏整備法2条2項）
- 中部圏開発整備計画（中部圏開発整備法2条2項）

＊「三圏計画の策定経緯」

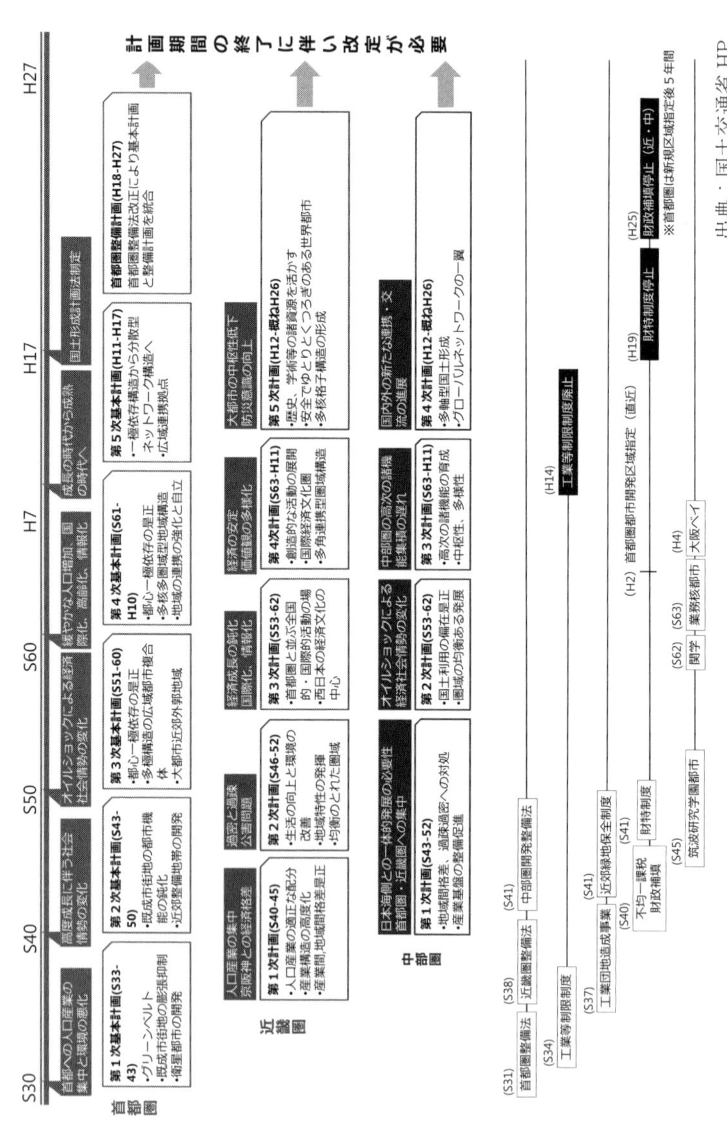

出典：国土交通省 HP

7：1　多極分散型国土形成促進法（昭63法律83号）

(1)　本法は，人口及び行政，経済，文化等に関する機能が過度に集中している地域から，これらの機能の分散を図り，地方の振興開発と大都市地域の秩序ある整備を推進し，住宅等の供給と地域間の交流を促進することにより，人口及びこれらの機能が特定の地域に過度に集中することなく全域に適正に配置され，それぞれの地域が有機的に連携し，その特性を生かして発展する国土（多極分散型国土）の形成を促進し，住民が誇りと愛着を持つことのできる豊かで住みよい地域社会の実現に寄与することを目的とする（1条）。

(2)　東京圏の東京都区部以外の地域において，その周辺の相当程度広範囲の地域（自立都市圏）の中核となるべき都市の区域を「業務核都市」という。その区域は，業務核都市ごとに策定される基本方針に基づいて定められる（22条1項）。

(3)　業務核都市基本方針は，国土形成計画，首都圏整備計画等の計画との調和が保たれなければならない（同条4項）。

7：2（16：3）　首都圏の近郊整備地帯及び都市開発区域の整備に関する法律（首都圏整備法・昭33法律98号）

本法は，首都圏の近郊整備地帯（2条1項）に計画的に市街地を整備し，都市開発区域（2条2項）を工業都市，住居都市その他の都市として発展させることを目的として定められた。

これには，1950年代からの高度成長に伴い，東京を中心とする首都圏への人口・産業の集中が著しく，市街地の無秩序な拡大，居住環境の悪化，交通混雑，公共施設の不足，住宅不足などの過密・過大都市の弊害の深刻化という背景があった。

この問題に対処するために東京都を中心に，その周辺7県（神奈川県・埼玉県・千葉県・茨城県・栃木県・群馬県・山梨県）を一体とする広域的かつ総合的な首都圏整備が進められた。計画的に首都圏の中（近郊整備地帯）に工業都市を発展させることを目的としている（1条）。

○工業団地造成事業を施行すべき土地の区域内の土地及び建物の登記について

政令で不動産登記法の特例を定めることができるとしているが（30条の2），特例は，平成17年3月7日に廃止された。

○1：3：2新住宅市街地開発法等による不動産登記に関する政令第二章（新住宅市街地開発法による不動産登記の特例・2条～9条）

同政令第三章（首都圏の近郊整備地帯及び都市開発区域の整備に関する法律30条の2の登記（工業団地造成事業を施行すべき土地の区域内の土地及び建物の登記については，政令で不動産登記法の特例を定めることができる。））について準用する（11条）。

＊1：3：2参照

7：3　首都圏，近畿圏及び中部圏の近郊整備地帯等の整備のための国の財政上の特別措置に関する法律（三圏整備特別措置法・昭41法律114）

⑴　大都市圏制度の狙いは，大都市中心部の過密問題を緩和するために，a都心への工業進出・大学の立地を抑制し，b郊外に工業等の産業集積を促進するとともに，c無秩序な市街化が進展した地区には基盤整備を充実強化し，d近郊部・郊外部の緑地等を保全すること，である。

aとcを目途に都市整備区域を，bを目途に都市開発区域を，dを目途に保全区域を指定することで，計画的に過密問題の緩和・解消を図りたいとする制度であり，国は，これを財政的に支援するという構図であった。

⑵　首都圏，近畿圏及び中部圏の均衡ある発展を図るため，各圏の近郊整備地帯，都市開発区域等については，整備計画，建設計画に基づき，計画的な市街化，住居都市・工業都市等としての開発整備が進められている。これらの整備に要する経費は膨大な額に上り，関係地方公共団体の負担も相当なものになる。

⑶　そこで，整備計画等の円滑な実施を図り，首都圏等の均衡ある発展に資するため，三圏整備特別措置法により，都府県に対する起債の充当率のかさ上げ及び利子補給並びに市町村に対する補助率のかさ上げが行われてきたのである。

7：4（16：1）　近畿圏の近郊整備区域及び都市開発区域の整備及び開発に関する法律（近畿圏近郊整備法・昭39法律145）

⑴　本法は，市街地開発事業のうち工業団地造成事業に関係する法律で，近畿圏の近郊整備地帯に計画的に市街地を整備し，都市開発区域を工業都市，住居都市その他の都市としての開発に資することを目的とし（1条），同法に定められた近郊整備区域と都市開発区域に関係がある。

⑵　これには，1950年代から高度成長に伴い，首都圏と同じく近畿圏も市街地の無秩序な拡大，居住環境の悪化，交通混雑，公共施設の不足，住宅不足などの過密・過大都市の弊害の深刻化という背景があった。

⑶　この問題に対処するため，大阪府・京都府・兵庫県・奈良県・和歌山県・滋賀県・福井県・三重県の２府６県を一体とする広域的かつ総合的な近畿圏整備が進められた。近畿圏内の地域は，既成都市区域・近郊整備区域・都市開発区域・保全区域として定められた。

⑷　工業団地造成事業（2条4項）を施行すべき土地の区域内の土地及び建物の登記については，政令で不動産登記法の特例を定めることができるとし（42条），1：3：2新住宅市街地開発法等による不動産登記に関する政令（昭40政令330号）12条により定めている。

○1：3：2新住宅市街地開発法等による不動産登記に関する政令（昭40政令330号）

この政令は，近畿圏の近郊整備区域及び都市開発区域の整備及び開発に関する法律42条（ほか3法）の登記の特例である。

２条から９条までの規定は，本法42条（工業団地造成事業を施行すべき土地の区域内の土地及び建物の登記については，政令で不動産登記法の特例を定めることができる。）の登記について準用する（12条本文）。

7：5（16：2） 近畿圏の保全区域の整備に関する法律（昭42法律103号）

⑴ 本法は，近畿圏の建設とその秩序ある発展に寄与するため，近郊緑地（2条3項）の保全その他保全区域（2条2項）の整備に関して特別の措置を定め，保全区域内における文化財の保存，緑地の保全又は観光資源の保全若しくは開発に資することを目的とする（1条）。
⑵ 近郊緑地保全区域内で，建築物の建築，土地の形質の変更，木竹の伐採等をする場合は，都道府県知事に届出が必要である（8条）。所有者が地方公共団体と締結した管理協定には承継効があるため，売買などにより土地所有者が代わっても，協定の内容は引き継がれる。
⑶ 地方公共団体等は，近畿圏近郊の緑地保全区域内の土地所有者等と管理協定を締結することができるが，この協定は，その公告があった後に当該協定区域内の土地所有者等となった者に対しても効力が及ぶ（14条）。
⑷ 近郊緑地保全区域内の緑地保全地域について定められる緑地保全計画（14：8都市緑地法6条1項）は，保全区域整備計画に適合したものでなければならない（16条）。

7：6 中部圏の都市整備区域，都市開発区域及び保全区域の整備等に関する法律（中部圏開発整備法・昭42法律102号）

本法は，中部圏の「都市整備区域（2条1項）」及び「都市開発区域（同条2項）」の整備及び開発並びに「保全区域（同条3項）」の整備に関して必要な事項を定め，中部圏の開発及び整備に関する総合的な計画を策定し，その実施を推進することにより，東海地方，北陸地方相互間の産業経済等の関係の緊密化を促進するとともに，首都圏と近畿圏の中間に位する地域としての機能を高め，我が国の産業経済等において重要な地位を占めるにふさわしい中部圏の建設とその均衡ある発展を図り，併せて社会福祉の向上に寄与することを目的とする（1条）。

この法律で「中部圏」とは，富山県，石川県，福井県，長野県，岐阜県，静岡県，愛知県，三重県及び滋賀県の区域を一体とした広域をいう（2条）。

7：7（9：2，12：2）地方拠点都市地域の整備及び産業業務施設の再配置の促進に関する法律（地方拠点法・平4法律76号）

(1) 本法は，地方における若年層を中心とした人口減少が再び広がるなど，地方全体の活力の低下が見られる一方で，人口と諸機能の東京圏への一極集中により，過密に伴う大都市問題が更に深刻化するという状況が生じたことから，地方拠点都市地域（地域社会の中心となる地方都市と周辺の市町村からなる地域・2条）について，都市機能の増進と居住環境の向上を図るための整備を促進する。

(2) これにより，地方の自立的な成長を牽引し，地方定住の核となるような地域を育成するとともに，産業業務機能の地方への分散等を進め，産業業務機能の全国的な適正配置を促進することを目的として制定された（1条）。

(3) 「拠点地区」とは，地方拠点都市地域のうち，土地の利用状況，周辺の公共施設の整備の状況等からみて，広域の見地から，都市機能の集積又は住宅及び住宅地の供給等居住環境の整備を図るための事業を重点的に実施すべき地区をいう（2条2項）。令和3年11月26日現在503市町村が措定されている（国土交通省）。

(4) 拠点業務市街地整備土地区画整理促進区域（19条）内において，土地の形質の変更又は建築物の新築，改築若しくは増築をする場合は，原則として，都道府県知事等（市の区域内にあっては，当該市の長。）の許可を受けなければならない（21条）。

(5) 拠点整備促進区域内の土地についての土地区画整理事業（拠点整備土地区画整理事業）については，6：4土地区画整理法及びこの節に定めるところによる（24条）。

○地方拠点都市地域における都市計画法の特例等に関する省令（平4建設省令

10号)

地方拠点都市地域の整備及び産業業務施設の再配置の促進に関する法律（平4法律76号）及び土地区画整理法（昭29法律119号）（地域振興整備公団法（昭37法律95号）において準用する場合を含む。）の規定に基づき，並びに地方拠点都市地域の整備及び産業業務施設の再配置の促進に関する法律を実施するため，地方拠点都市地域における都市計画法の特例等に関する省令を次（略）のように定める。

8　自然環境保護

自然保護に関する法律は，明治時代から存在した。富国強兵による都市の無秩序な開発や殖産興業政策によって，急速に自然景観や貴重な動植物が失われ，自然保護のための法律が整備された。

(1)　明治28年に狩猟法（野生鳥獣の保護のため），明治30年に森林法（森林の保全のため），大正８年に史蹟名勝天然紀念物保存法，昭和６年に国立公園法（景勝地の保護と利用のため）などである。(注)

(2)　1960年代になると，経済の高度成長に伴った国土の開発が，広域化・大規模化し，これまでは，自然保護のための開発規制等は，個別の法律で対応してきたが，このような背景の中では，自然保護のための施策は十分でなくなってきた。そこで，自然保護のための基本理念を明確にし，自然保護の政策を強化するため，８：１自然環境保全法（昭47法律85号）が制定された。

(3)　しかし，動植物を損傷する行為を禁止していなかったため，平成元年の「朝日新聞珊瑚記事捏造事件」では，社会的非難を集めた事件にもかかわらず，関係者は不起訴処分となり刑事罰を受けることはなかった。この状況に対応するため，翌年に損傷も禁止するよう改正（平２法律26号）された。

(4)　平成５年には，複雑化・地球規模化する環境問題に対応できるように，環境基本法（平５法律91号）が制定され，自然環境保全法の理念に関する条文の一部を環境基本法に移行し，平成22年には，自然環境保全地域における生態系維持の回復事業に関する規定が創設された。

(注)　国立公園法（昭６法律36号）は，昭和32年10月１日，自然公園法施行に伴い廃止された。

8：1　自然環境保全法（昭47法律85号）

(1)　我が国は，富国強兵による都市の無秩序な開発や殖産興業政策によって，急速に自然景観や貴重な動植物が失われていったため，自然保護関係の法律を整備することとなり，明治28年に狩猟法（野生鳥獣の保護のため），明治30年に8：5森林法，大正8年に史蹟名勝天然紀念物保存法，昭和6年に国立公園法（(昭6法律36号）が景勝地の保護と利用のために制定された。

⑵　このように，かつては，自然保護のための開発規制等は，個別の法律で対応してきたが，1960年代になると，経済の高度成長に伴った国土開発が広域化・大規模化し，自然保護の施策は十分でなくなった。そこで，自然保護の基本理念を明確にし，自然保護の政策を強化するため，昭和47年に本法が制定された。

⑶　本法は，8：8自然公園法（昭32法律161号）その他の自然環境の保全を目的とする法律と相まって，自然環境を保全することが特に必要な区域等の生物の多様性の確保その他の自然環境の適正な保全を総合的に推進することにより，広く国民が自然環境の恵沢を享受するとともに，将来の国民にこれを継承できるようにし，現在及び将来の国民の健康で文化的な生活の確保に寄与することを目的とする（1条）。

⑷　国，地方公共団体，事業者及び国民は，8：2環境基本法（平5法律91号）の環境保全についての基本理念に則り，自然環境の適正な保全が図られるように，それぞれの立場において努めなければならない（2条）。

⑸　自然環境の保全に当たっては，関係者の所有権その他の財産権を尊重するとともに，国土の保全その他の公益との調整に留意しなければならない（3条）。

⑹　ほとんど人の手が加わっていない原生の状態を維持している地域や優れた自然環境を維持している地域を，今後もできる限り人手を加えずに後世に伝えることを目的として，原生自然環境保全地域（14条～21条），自然環境保全地域（22条～35条），沖合海底自然環境保全地域（35条の2～35条の12）として指定している。

⑺　国は，地域の開発及び整備その他の自然環境に影響を及ぼすと認められ

る施策の策定及びその実施に当たっては，自然環境の適正な保全について配慮しなければならない（5条）。

8：2　環境基本法（平5法律91号）

本法は，8：11循環型社会形成推進基本法（平12法律110号）及び8：4生物多様性基本法（平20法律58号）とともに，環境法の原点となっている。平成24年の改正により，「放射性物質による環境汚染を防止するための措置」を本法の対象とした。

(1)　総則（1章）では，法律の目的や基本理念を示すとともに，国，地方自治体，国民などの責務や，環境の日について定めている。環境保全に関する基本的施策（2章）では，政府が環境基本計画を定めることや，大気汚染，水質汚濁などの環境基準を定めることなどを規定している。特に，本法は，公害対策基本法を引き継いでいることから，「特定地域における公害の防止」が盛り込まれている。

(2)　基本理念では，環境を健康で恵み豊かなものとして維持することの大切さ（3条），環境保全はすべての者が公平な役割分担のもとで行い，環境への負荷（2条1項）の少ない経済活動によって持続的に発展できる社会をつくること（4条），地球環境保全（2条2項）が国際的な協調によって積極的に進めなければならないこと（5条）などを示している。

(3)　国や地方自治体，事業者，国民のそれぞれの責務（6条～8条）としては，国は，環境基本計画や公害防止計画などを制定して実施する。事業者は，事業活動を行うに当たり環境負荷の低減に努力し，廃棄物を適正に処理しなければならない。国民は，日常生活での環境負荷の低減に努めなければならず，国や地方公共団体に協力する責務を負う（9条）。

8：3　循環型社会形成推進基本法（平12法律110号）

本法は，8：2環境基本法の基本理念に則り，循環型社会の形成について，基本原則を定め，並びに国，地方公共団体，事業者及び国民の責務を明らかにするとともに，循環型社会形成推進基本計画の策定その他循環型社会の形成に関する施策の基本となる事項を定めることにより，循環型社会の形成に関する施策を総合的かつ計画的に推進し，もって，現在及び将来の国民の健康で文化的な生活の確保に寄与することを目的とする（1条）。

循環型社会とは，「製品等が廃棄物等となることが抑制され，並びに製品等が循環資源となった場合においてはこれについて適正に循環的な利用が行われることが促進され，及び循環的な利用が行われない循環資源については適正な処分が確保され，もって天然資源の消費を抑制し，環境への負荷ができる限り低減される社会」である（2条1項）。

発生抑制（リデュース），再使用（リユース），再生利用（マテリアルリサイクル），熱回収（サーマルリサイクル），適正処分の順に処理の優先順位を定めている（6条，7条）。

また，政府による循環型社会形成推進基本計画の策定についても定めている（15条，16条）。

廃棄物・リサイクル対策については，廃棄物処理法の改正，各種リサイクル法の制定等により拡充・整備が図られてきているが，今日，次のような課題に直面し，これへの対処は，喫緊の課題となっている。

⑴　廃棄物等（2条2項）の発生量の高水準での推移

⑵　リサイクルの一層の推進の要請

⑶　廃棄物処理施設の立地の困難性

⑷　不法投棄の増大

そのため，「大量生産・大量消費・大量廃棄」型の経済社会から脱却し，生産から流通，消費，廃棄に至るまで物質の効率的な利用やリサイクルを進めることにより，資源の消費が抑制され，環境への負荷が少ない「循環型社会（2条1項）」を形成することが急務となっている（3条）。

本法は，このような状況を踏まえ，循環型社会の形成を推進する基本的な枠組みとなる法律として，循環型社会の形成に向け実効ある取組みの推進を図るものである。

8：4　生物多様性基本法（平20法律58号）

⑴　本法は，生物多様性（2条1項）の保全と持続可能な利用（同条2項）に関する施策を総合的・計画的に推進することで，豊かな生物多様性を保全し，その恵みを将来にわたり享受できる自然と共生する社会を実現することを目的とする（1条）。

⑵　本法は，8：2環境基本法の下位法に位置づけられているが，生物多様性の保全及び持続可能な利用に関する個別法に対しては，上位法としての役割のある基本法といえる。

⑶　関連する法律としては，次の法律がある。

- 絶滅のおそれのある野生動植物の種の保存に関する法律（平4法律75号）
- 鳥獣の保護及び狩猟の適正化に関する法律（平14法律88号）
- 特定外来生物による生態系等に係る被害の防止に関する法律（平16法律78号）

⑷　国による生物多様性国家戦略の策定（11条）だけではなく，地方公共団体の生物多様性地域戦略の策定（13条），事業者，国民・民間団体の責務，都道府県及び市町村による生物多様性地域戦略の策定の努力義務などを規定している。

＊「生物多様性地域戦略策定の手引き」（令和5年度改定版）環境省

8：5　森林法（昭26法律249号）

本法は，戦中・戦後の乱伐等による森林の荒廃の回復するために，「森林の保続培養と森林の生産力の増進」を図り，森林計画，保安林その他の森林に関する基本的事項を定めることを目的とする（1条）。

⑴　森林（2条1項）は，天然林と人工林に分かれ，人工林については，植林により計画的な森林をつくるための森林計画を策定する（5条）。

なお，「国有林」とは，国が森林所有者である8：10国有林野の管理経営に関する法律（昭26法律246号）10条1号に規定する分収林である森林をいい，「民有林」とは，国有林以外の森林をいう（2条3項）。

⑵　森林計画には，国（農林水産大臣）による全国森林計画（4条）に則して，都道府県知事が策定する地域森林計画（造林・伐採・林道整備などの基本計画・5条）が立てられ，これを基にして市町村が策定する市町村森林整備計画（10条の5），さらにこれを基にして各森林所有者が策定する森林施業計画（10条の11）がある。

⑶　地域森林計画の対象となっている民有林を「地域森林計画対象民有林」といい，土地の形質の変更等の開発行為を行う場合は，都道府県知事の許可が必要である（10条の2）。地域森林計画対象民有林は，国有林（2条3項）と保安林以外のほとんどの森林が該当する。

⑷　保安林・保安施設地区では，指定解除には，農林大臣による許可が必要である（27条）。

⑸　保安林は，17種類あり，林野庁は，令和4年度から保安林制度の見直しを行っている。

8：6　離島振興法（昭28法律72号）

本法制定当時の離島は，本土との隔絶性に起因する生活環境等の後進性が問題となっており，離島の存在する地方公共団体は，これらの後進性の排除や島民生活の向上等を目的とした法律制定の要望が高まり，本法の制定に結びついた。

なお，令和4年（法律92号）の改正により，1条中「自然環境の保全」の下に「，多様な再生可能エネルギーの導入及び活用」を加え，「及び国の責務を明らかにし，」を「国等の責務を明らかにし，並びに」に，「生かしつつ」を「生かすとともに離島と継続的な関係を有する島外の人材も活用しつつ」に改めた。

8：7　山村振興法（昭40法律64号）

山村は，国土の5割，森林面積の6割をカバーし，農林業者が居住し，農林業生産活動を行うこと等を通じて，国土の保全，水源の涵養，自然環境の保全，多様な再生可能エネルギーの導入及び活用等に重要な役割を担っている。しかし，山村は，産業基盤及び生活環境の整備等が他の地域に比較して低位置にあるほか，過疎化・高齢化が進み，農林地の管理を十分にできないなどの問題が深刻化していた。

このため，昭和40年に本法が制定され，山村の振興を図るための取組みが行われている。国土の保全，水源の涵養，自然環境の保全等に重要な役割を担っている山村の経済力の培養と住民の福祉の向上等を図ることが必要であるとして制定されたのである。

ただし，本法は，10年を期限とする時限法で，平成27年3月の延長・改正により，現行法の期限は，令和7年3月31日となっている（この法律は，平成37年3月31日限りその効力を失う。）。

8：8　自然公園法（昭32法律161号）

本法は，我が国を代表する優れた自然の風景地を保護し，その利用の増進を図ることにより，国民の保健，休養及び教化に資するとともに，生物の多様性の確保に寄与することを目的とする（1条）。本法の施行により，国立公園法（昭6法律36号）は，廃止された。

主な内容は，次のとおりである。

(1)　環境大臣による国立公園（2条2号及び国定公園（同条3号）の指定，都道府県知事による都道府県立自然公園（同条4号））の指定

(2)　公園計画（同条5号）及び公園事業（同条6号）の決定・執行

(3)　特別地域，特別保護地区等における許認可手続（20条3項等）

国立公園は，北は利尻礼文サロベツから南は西表石垣，小笠原まで，現在34が指定されており，開発等の規制により自然風景地の保護を図る一方，適正な利用を推進するための施設整備や情報発信を行っている。

なお，都道府県立公園については，国立公園における行為制限の範囲内で条例に基づく制限が加えられる。

8：9（18：9） 廃棄物の処理及び清掃に関する法律（廃掃法・昭45法律137号）

本法は，清掃法（昭29法律72号）を全面改正したものである。

⑴ 廃棄物（2条1項）の排出抑制，適正な処理（運搬，処分，再生など），生活環境の清潔保持により，生活環境の保全と公衆衛生の向上を図ることを目的として（1条），廃棄物を「自ら利用したり他人に売ったりできないため不要になったもので，固形状または液状のもの」と定義し，一般廃棄物（2条2項）と産業廃棄物（2条4項）に分類する。

なお，産業廃棄物のうち，爆発性，毒性，感染性その他の人の健康又は生活環境に係る被害を生ずるおそれがある性状を有するものとして政令で定めるものを「特別管理産業廃棄物」という（2条5項）。

⑵ 産業廃棄物は，排出事業者が処理責任をもち，事業者自らか，又は排出事業者の委託を受けた許可業者が処理する。

⑶ 一般廃棄物は，市町村が処理の責任をもつこととして，廃棄物処理業者に対する許可，廃棄物処理施設の設置許可，廃棄物処理基準の設定などを規定する。これまでに数回改正をして適正処理やリサイクルの推進を図っている。

本法は，8：2環境基本法の下位法に位置付けられるとともに，廃棄物・リサイクル対策に関する個別法に対しては，上位法としての役割をもつ基本法である。

8：10 国有林野の管理経営に関する法律（昭26法律246号）

⑴ 本法は，国有林野（2条）について，管理経営に関する計画を明らかにするとともに，貸付け，売払い等に関する事項を定めることにより，その適切かつ効率的な管理経営の実施を確保することを目的とする（1条1項）。

⑵ 国有林野の取得，維持，保存及び運用並びに処分についての国有財産法（昭23法律73号）の特例は，他の法律に特別の定めがある場合を除くほか，

この法律の定めるところによる（同条２項）。

(3)　国有林野の管理経営の目標は，国土の保全その他国有林野の有する公益的機能の維持増進を図るとともに，あわせて，林産物を持続的かつ計画的に供給し，及び国有林野の活用によりその所在する地域における産業の振興又は住民の福祉の向上に寄与することにある（３条）。

9　都市再開発の方針等

⑴　都市再開発の方針とは，1：3：4都市再開発法に基づき，人口集中の特に著しい政令で定める大都市を含む都市計画区域等について定めるよう努めることとされている都市再開発のマスタープランである。従来は，2：3都市計画法に基づき都市計画に定められる「整備，開発又は保全の方針」の中で位置づけられていたが，平成12年の都市計画法改正により，独立した都市計画とされた。

⑵　都市再開発方針では，計画的な再開発が必要な市街地に係る再開発の目標並びに土地の合理的かつ健全な高度利用及び都市機能の更新に関する方針を明らかにする一号市街地と，一号市街地の内，特に一体的かつ総合的に市街地の再開発を促進すべき相当規模の地区の整備又は開発計画の概要を明らかにする二号地区（政令で定める都市計画区域以外では2項地区）がある。

⑶　二号地区については，再開発促進地区ともいい，国及び地方公共団体は，市街地の再開発に関する事業の実施その他必要な措置を講ずるように努めなければならないとされている。

⑷　一号市街地の内，地元調整などからみて，二号地区として認められる段階までに至らない地区を再開発誘導地区とすることもある。

9：1（1:3:7，1:4:3，11：2，17：5）密集市街地における防災街区の整備の促進に関する法律（密集法・平9法律49号）

＊まち4，マン2：4：3

本法は，阪神・淡路大震災（平成7年1月17日）の経験を踏まえ，大規模地震時に市街地大火を引き起こすなど，防災上危険な状況にある密集市街地について，防災機能の確保と土地の合理的かつ健全な利用を図るため，密集市街地の整備を総合的に推進することを目的として制定され，a延焼防止上危険な建築物の除却，耐火建築物等への建替えの促進，b地区の防災性の向上を目的とする防災街区整備地区計画の創設，c地域住民による市街地整備の

取組みを支援する仕組みの構築等を柱に，計画的な再開発を促進することとしている。なお，

a　施行地区内の土地及びこれに存する建物の登記については，政令で，不動産登記法の特例を定めることができる（276条）。

b　施行者は，政令で定めるところにより，防災施設建築物及び防災施設建築敷地の管理又は使用に関する区分所有者相互間の事項につき，管理規約を定めることができる。管理規約は，14：16 建物の区分所有等に関する法律30条1項の規約とみなす（277条）。

c　「地震時に著しく危険な密集市街地」は，2011年に全国で5,745ヘクタールあったが，2019年年度末には2,982ヘクタールに半減している（国土交通省調査）。

◯同法（276条）による不動産登記に関する政令（平15政令524・令2年法律57号改正・まち4：4参照）

(1)　代位登記

a　防災街区整備事業（2条5号）を施行する者は，その施行のため必要があるときは，各号に定める者に代わって申請することができる（2条）。

b　登記官は，登記を完了したときは，速やかに，登記権利者のために登記識別情報を申請人に通知しなければならない（3条）。

(2)　権利変換手続開始の登記

a　権利変換手続開始の登記の申請をする場合には，公告（191条2項各号）があったことを証する情報をその申請情報と併せて登記所に提供しなければならない（4条1項）。

b　権利変換手続開始の登記の抹消の申請をする場合には，公告があったことを証する情報をその申請情報と併せて登記所に提供しなければならない（4条2項）。

(3)　土地についての登記の申請

a　土地の表題部の登記の抹消又は権利変換手続開始の登記の抹消の申請は，同一の登記所の管轄に属するものの全部について，一の申請情報に

よってしなければならない（5条1項）。

b　担保権等登記の申請は，土地ごとに，一の申請情報によってし，かつ，前項の登記の申請と同時にしなければならない（同条2項）。

⑷　旧建物についての登記の申請

旧建物についての登記の申請は，同一の登記所の管轄に属するものの全部について，一の申請情報によってしなければならない（6条1項）。

⑸　新建物についての登記の申請（7条）

⑹　借家権の設定その他の登記等の登記原因（8条）

○不動産登記令第4条の特例等を定める省令

第8章　密集市街地における防災街区の整備の促進に関する法律による不動産登記の特例

⑴　登記官は，不動産登記令4条本文の規定にかかわらず，登記の目的又は登記原因が同一でないときでも，代位登記を一の申請情報によってすることができる（19条）。

⑵　登記官は，土地の表題部の登記の抹消をするときは（省令5条1項），表題部の登記事項を抹消する記号及び密集市街地における防災街区の整備の促進に関する法律（225条1項）により土地の表題部の登記を抹消する旨を記録し，当該登記記録を閉鎖しなければならない（省令20条）。

○同法による区分所有法の特例による管理規約

施行者は，政令で定めるところにより，防災施設建築物及び防災施設建築敷地の管理又は使用に関する区分所有者相互間の事項につき，管理規約を定めることができる（277条1項前段）。

○密集法等の施行に伴う法人登記事務の取扱いについて（平成9年11月10日民四2006通達）

【要旨】密集法等の施行に伴い，組合等登記令の一部が改正され，別表1に新たに防災街区整備組合が掲げられたことから，右組合に関する登記については，他の法令に別段の定めがある場合を除くほか組合等登記令によることとされたため，これに伴う法人登記の取扱いについて通達する。

○密集法等の一部を改正する法律の施行に伴う不動産登記事務の取扱いについて（平成16年3月19日民二第785号通達）

【要旨】密集法の一部が改正され，改正後の同法276条の規定に基づき，密集法による不動産登記に関する政令が制定され，法及び政令が平成15年12月19日から施行されたことに伴う不動産登記事務の取扱いに関する基本通達。

○密集法による権利の変換と強制執行等との調整に関する規則（平15最判規則28号）

9：2（7：7，12：2）　地方拠点都市地域の整備及び産業業務施設の再配置の促進に関する法律（地方拠点法・平4法律76号）

⑴　本法は，地方において，若年層を中心とした人口減少が再び広がるなど，地方全体の活力の低下が見られる一方，人口と諸機能の東京圏への一極集中により，過密に伴う大都市問題が更に深刻化するという状況が生じていたことから，地方拠点都市地域（地域社会の中心となる地方都市と周辺の市町村からなる地域・2条1項）について，都市機能の増進と居住環境の向上を図るための整備を促進し，これにより，地方の自立的な成長を牽引し，地方定住の核となるような地域を育成するとともに，産業業務施設（2条3項）の地方への分散等を進め，産業業務施設の全国的な適正配置を促進することを目的（1条）として制定された。

⑵　都道府県知事は，基本方針に即して，都道府県の区域のうち2条1項の要件に該当する市町村の区域を地方拠点都市地域として指定することができる（4条1項）。

⑶　⑵による指定があったときは，指定を受けた地方拠点都市地域（以下「指定地域」という。）を区域とする全ての「関係市町村」「協議会」「一部事務組合」若しくは「広域連合」は，基本方針に基づき，「基本計画」を作成し，都道府県知事に協議し，その同意を求めるものとする。この場合において，関係市町村は，共同して，基本計画を作成し，都道府県知事に協

議し，その同意を求めるものとする（6条）。

(4) 指定地域内の市街化区域（都市計画法7条1項）のうち，次に掲げる要件（省略）に該当する土地の区域については，都市計画に「拠点整備促進区域」を定めることができる（19条1項）。

(5) 拠点整備促進区域内において土地の形質の変更又は建築物の新築，改築若しくは増築をしようとする者は，国土交通省令で定めるところにより，都道府県知事又は市長の許可を受けなければならない。ただし，次に掲げる行為（省略）については，この限りでない（21条）。

(6) 地方拠点都市地域は，平成4年に84市町村が指定されている。

9：3（12：3） 大都市地域における住宅及び住宅地の供給の促進に関する特別措置法（大都市法・昭50法律67号）＊まち1：2：2

(1) 本法の目的は，大都市地域（2条1号）における住宅及び住宅地の供給を促進するため，市街化区域（2条2号）の開発整備の方針等を定めて，土地区画整理促進区域及び住宅街区整備促進区域内における住宅地の整備又はこれと併せて行う中高層住宅の建設並びに都心共同住宅供給事業について必要な事項を定める等特別の措置を講ずることにより，大量の住宅及び住宅地の供給と良好な住宅街区の整備とを図り，もって大都市地域の秩序ある発展に寄与することである（1条）。

(2) 大都市圏においては，出生率が低い一方で，高齢者が大幅に増加する見込みであり，また，長時間通勤の解消，居住水準の向上，密集市街地の改善等の大都市圏特有の課題が存在している。このため，国民の居住ニーズの多様化・高度化を考慮しつつ，それぞれの世帯が無理のない負担で良質な住宅を確保できるよう，住宅の供給等及び住宅地の供給を着実に進める必要がある。

(3) この場合は，地域ごとの住宅需要を見極めるとともに，地域の実情に応じた都市農地の保全の在り方に留意することが必要で，都心の地域その他既成市街地内では，土地の有効・高度利用，既存の公共公益施設の有効活用，防災性の向上，職住近接の実現等の観点から，建替えやリフォーム等を推進するとともに，良質な住宅・宅地ストックの流通や空き家の有効利用を促進しなければならない。

(4)　郊外型の新市街地開発は，既に着手している事業で，自然環境の保全に配慮し，将来にわたって地域の資産となる豊かな居住環境を備えた優良な市街地の形成が見込まれるものに限定し，一方，大都市地域（三大都市圏）においては，計画的な住宅供給等の促進を図っていくことが特に重要であることを踏まえ，「住生活基本法（平成18年法律61号）」（注）に基づき，関係都府県の住生活基本計画の中で，住宅の供給等を重点的に図るべき地域（重点供給地域）及び当該地域で実施する事業について定め，住宅等の需要を見極め，計画的な住宅の供給等を推進してきた。

（注）　住生活基本法と住生活基本計画（大橋246）

(5)　本法の主な内容は，次のとおりである。

a　都市計画に，大都市地域内の市街化区域のうち，既に住宅市街地を形成している区域等に近接している0.5ヘクタール以上の区域を「土地区画整理促進区域」（5条）として，高度利用区域内で，かつ，第一種中高層住居専用地域又は第二種中高層住居専用地域内等の0.5ヘクタール以上の区域等を「住宅街区整備促進区域」として定めることができる（24条）。

b　これらの区域内で土地の形質の変更又は建築物の新築・改築・増築を行う場合は，原則として，都道府県知事の許可を受けなければならない（7条1項，26条）。

c　住宅街区整備事業の換地処分の公告がある日まで，事業の施行の障害となるような土地の形質の変更又は建築物の新築・改築・増築を行う場合は，都道府県知事の許可を受けなければならない（67条1項）。

d　仮換地が指定された場合は，従前の宅地について使用収益権を有する者は，仮換地の指定の効力発生日から換地処分の公告日まで，仮換地等は従前の宅地について有する権利と同じ内容の使用収益をすることができ，従前の宅地の使用収益が停止され，また，従前の宅地が他人の換地に指定された場合は，従前の宅地の使用収益ができなくなる（83条・土地区画整理法99条1項及び3項）。

e　換地を定めないこととした宅地に使用収益停止処分がされた場合は，宅地の使用収益権者は，定められた期日からその宅地等使用収益をすることができなくなる（83条・土地区画整理法99条1項，3項，100条2項）。

f　109条の17の規定による公告があった低未利用土地権利設定等促進計画に係る土地又は建物の登記については，政令で，不動産登記法の特例を定めることができるとしているが（109条の19），規定はない。

9：4（1:3:4，12：1）　都市再開発法（昭44法律38号）

＊まち3，マン2：4：1

○同法による不動産登記に関する政令（昭45政令87号・令2政令57号改正）

• 同法による不動産登記に関する政令の一部改正

(1)　新建物についての登記の申請の特例の対象に，借家権の設定その他の登記を追加する（7条関係）。

(2)　(1)の借家権の設定その他の登記においては，登記原因及びその日付として，権利変換前の当該借家権に係る登記の登記原因及びその日付（当該登記の申請の受付の年月日及び受付番号を含む。）並びに都市再開発法による権利変換があった旨及びその日付を登記事項とする（8条関係）。

(3)　その他所要の規定を整備する。

○低未利用土地権利設定等促進計画（1：4：4，10：1都市再生特別措置法109条の8）に係る土地又は建物の登記の特例について

低未利用土地とは，土地基本法13条4項に規定する低未利用土地（居住の用，業務の用その他の用途に供されておらず，又はその利用の程度がその周辺の地域における同一の用途若しくはこれに類する用途に供されている土地の程度に比し著しく劣っていると認められる土地）又は当該低未利用土地の上に存する権利をいう。

10　地域地区

地域地区（2：3都市計画法4条4項）とは，各地域の特性や利用目的によって区分し，目的に合った開発や建物の建築を進めるために指定された地区をいう。都市計画において，地域地区の指定種類は21種類ある。指定された種類に応じて，その地域内における建築物の用途や容積率などに制限が設けられる。

◯地域地区

- 用途地域
- 特別用途地区（用途地域内で特別の目的のため用途制限を緩和したり，制限・禁止を条例で定めた地域）
- 特例容積率適用地区
- 特定用途制限地域
- 高層住居誘導地区
- 高度地区又は高度利用地区
- 特定街区（都市再生特別地区（都市再生特別措置法36条1項），居住調整地域（同法89条），居住環境向上用途誘導地区（同法94条の2第1項）又は特定用途誘導地区（同法109条1項）
- 防火地域又は準防火地域
- 密集市街地整備法31条1項の規定による特定防災街区整備地区
- 景観法61条1項の規定による景観地区（美観地区の廃止により新設）
- 風致地区
- 駐車場法3条1項の規定による駐車場整備地区
- 臨港地区
- 歴史的風土特別保存地区（古都における歴史的風土の保存に関する特別措置法6条1項）
- 第一種歴史的風土保存地区又は第二種歴史的風土保存地区（明日香村における歴史的風土の保存及び生活環境の整備等に関する特別措置法3条1項）

- 緑地保全地域（都市緑地法５条），特別緑地保全地区（同法12条）又は緑化地域（同法34条１項）
- 流通業務地区（流通業務市街地の整備に関する法律４条１項）
- 生産緑地地区（生産緑地法３条１項）
- 伝統的建造物群保存地区（文化財保護法143条１項）
- 航空機騒音障害防止地区又は航空機騒音障害防止特別地区（特定空港周辺航空機騒音対策特別措置法４条１項）

10：1（1:4:4） 都市再生特別措置法（都再特措法・平14法律22号）

＊マン２:４:２，まち５～９

⑴　本法は，a都市の国際競争力と防災機能の強化，bコンパクトで賑わいのある街づくり，c住宅団地の再生を柱として，都市機能の高度化と居住環境の向上を図るために，民間事業者を主とする都市再生事業を行うことを目的とし，平成14年に制定された。

⑵　都市再生とは，「近年における急速な情報化，国際化，少子高齢化等の社会経済情勢の変化に対応した，都市機能の高度化および都市の居住環境の向上」をいう（１条）。

⑶　都市再生の拠点として，都市開発事業などによって緊急かつ重点的に市街地整備を推進する都市再生緊急整備地域を指定する。その中でも，都市の国際競争力を強化するために，特に重要な地域については，「特定都市再生緊急整備地域」（２条５項）として指定する。

⑷　２：３都市計画法による地域地区のひとつで都市再生のために高度利用を図る地区が都市再生特別地区（36条）である。同地区内では，建築基準に定める容積率などの一般的な規制の適用を受けず，比較的自由な利用ができる特例が受けられる。

⑸　コンパクトシティ政策を推進するための手法として，立地適正化計画（81条１項）の下に居住誘導区域（同条２項２号）や都市機能誘導区域（同項３号）を指定して居住や都市機能を誘導する仕組みが創設され，また，次

の特別措置が定められた。

a　６：４土地区画整理法の特例（87条の３～87条の５）

立地適正化計画に記載された土地区画整理事業の事業計画については，施行地区（土地区画整理法２条４項）内の溢水，湛水，津波，高潮その他による災害の防止又は軽減を図るための措置が講じられた又は講じられる土地（居住誘導区域内にあるものに限る。）の区域において「防災住宅建設区」を定めることができる。

b　１:３:４都市再開発法の特例（104条の２）

市街地再開発事業の施行者（２条２号）は，立地適正化計画に記載された誘導施設の整備に関する事業の用に供するため特に必要があると認めるときは，第一種市街地再開発事業により施行者が取得した施設建築物の一部等を，公募をしないで賃貸し，又は譲渡することができる。

c　６：４土地区画整理法の特例（105条～105条の４）

立地適正化計画に記載された土地区画整理事業の施行者は，換地計画の内容について施行地区内の土地又は物件に関して権利を有する者全員の同意を得たときは，89条の換地の規定によらないで，換地計画において換地を定めることができる。

○登記の特例

a　109条の８の公告があった「低未利用土地権利設定等促進計画に係る土地又は建物の登記」については，政令で，不動産登記法の特例を定めることができる（109条の10）。

b　109条の９による公告があった「居住誘導区域等権利設定等促進計画に係る土地又は建物の登記」については，政令で，不動産登記法の特例を定めることができる（109条の11）。

c　109条の17による公告があった「低未利用土地権利設定等促進計画に係る土地又は建物の登記」については，政令で，不動産登記法の特例を定めることができる（109条の19）。

○１：４権利移転等の促進計画に係る不動産の登記に関する政令（平25政令

258号）

この政令は，都市再生特別措置法109条の11及び109条の19の規定（そのほか各法）による不動産登記法の特例を定める（1条）。

- 市町村による権利の取得登記の嘱託義務（2条）
- 嘱託による登記手続（3条）
- 嘱託者に対する登記識別情報の通知（4条）
- 市町村の代位による登記の嘱託（5条）
- 代位による登記の登記識別情報（6条）

○都市再生特別措置法等の一部を改正する法律（令2法律43号同年9月7日施行）

⑴　民間都市開発推進機構は，国土交通大臣の認定を受けた都市再生事業等の施行に要する費用の一部として，建築物の利用者等に有用な情報の収集等を行うための設備の整備に要する費用について支援できる（29条，71条）。

⑵　市町村は，単独で又は共同して，都市再生整備計画及び立地適正化計画を作成すること並びに市町村都市再生協議会を組織できることとし，市町村等は，市町村都市再生協議会に，関係する公共交通事業者，公共施設の管理者，公安委員会等を構成員として追加できる（46条1項，81条1項，117条）。

⑶　市町村は，滞在及び交流の促進を図るため，公共公益施設の整備等が必要な区域（以下「滞在快適性等向上区域」という。）を都市再生整備計画に記載できる（46条2項）。

⑷　市町村は，滞在快適性等向上区域内の土地所有者等が実施する滞在快適性等向上施設等（広場，並木，店舗その他の滞在の快適性等の向上に資する施設等をいう。）の整備等に関する事業であって，市町村が実施する事業と一体的に実施されるもの等（以下「一体型滞在快適性等向上事業」という。）に関する事項について，都市再生整備計画に記載できる（46条3項，4項，46条の2～46条の8）。

⑸　滞在快適性等向上区域内の都市公園について，地域における催しに関す

る情報を提供するための看板等を占用許可の対象に追加した（46条14項1号，17項1号，62条の2第1項）。

(6)　滞在快適性等向上区域内の飲食店，売店等の公園施設の設置等について，公園管理者は，一体型事業実施主体等（一体型滞在快適性等向上事業の実施主体又は都市再生推進法人をいう。）と協定を締結し，その設置等を行わせることができる（46条14項2号，15項，16項，17項2号～4号及び18項～21項，62条の2第2項並びに62条の3～62条の7）。

(7)　駐車場出入口制限道路（滞在快適性等向上区域内にある道路で，駐車場の自動車の出入口の設置を制限すべきものとして市町村が都市再生整備計画に記載したもの。）に接して一定規模以上の路外駐車場の自動車の出入口を設けてはならない（46条14項3号，22項，62条の9～62条の12）。

(8)　一体型事業実施主体等は，都市再生整備計画に，普通財産を時価よりも低い対価で貸し付けることその他の方法により一体型事業実施主体等に普通財産を使用させることに関する事項が記載されているときは，当該事項に基づき普通財産を使用できる（46条14項4号，62条の13）。

(9)　滞在快適性等向上区域内の道路若しくは都市公園の占用又は道路の使用の許可に係る申請書の提出は，都市再生推進法人を経由して行うことができ，都市再生推進法人は，当該経由に係る事務を行うときは，申請者に対し，情報の提供等の援助を行う（62条の8）。

(10)　一体型事業実施主体等は，景観行政団体に対し，滞在快適性等向上区域における良好な景観の形成を促進するために必要な景観計画の策定又は変更を提案できる（62条の14）。

(11)　立地適正化計画の記載事項として，都市の防災に関する機能の確保に関する指針に関する事項を追加する（81条2項）。

(12)　居住誘導区域のうち，居住環境向上施設を有する建築物の建築を誘導する必要があると認められる区域については，都市計画に，居住環境向上用途誘導地区を定めることができ，当該都市計画には，建築物等の誘導すべき用途，その全部又は一部を当該用途に供する建築物の容積率の最高限度等を定める（81条5項及び94条の2）。

⒀　都市計画施設の改修事業の実施に係る都市計画事業認可に関する事項が記載された立地適正化計画が公表されたときは，当該事業を実施する市町村に対する都市計画事業認可があったものとみなす（81条9項，109条の2，109条の3）。

⒁　市町村等は，跡地等管理等協定に基づいて，跡地における緑地，広場等の整備及び管理を行うことができる（81条16項，110条～116条）。

⒂　立地適正化計画は，都市計画に関する基礎調査の結果に基づき，かつ，政府が法律に基づき行う人口，産業等の調査結果を勘案したものでなければならない（81条18項）。

⒃　居住誘導区域外の災害危険区域等における住宅の建築の用に供する目的で行う一定規模以上の開発行為等（業として行われるものに限る。）について，勧告に従わなかった場合は，その旨を公表できる（88条）。

⒄　都市再生推進法人の業務について，都市の魅力及び活力の向上に資する滞在快適性等向上施設等の整備等並びに滞在者等の滞在及び交流の促進を図るための広報又は行事の実施等を行うこと，道路又は都市公園についての占用又は使用に係る申請書の経由に関する事務を行うこと等を追加する（119条）。

⒅　民間都市開発推進機構は，都市再生推進法人が行う滞在快適性等向上区域内における都市開発事業の実施に要する費用に充てる資金の一部を貸し付けることができる（122条）。

10：2　地域の自主性及び自立性を高めるための改革の推進を図るための関係法律の整備に関する法律（第13次地方分権一括法・平23法律37・令5法律58号）

○地方分権改革

地方分権改革推進委員会（（地方分権改革推進法・平18法律111号）に基づき，平成19年に発足したが，平成22年に廃止された。）の4次にわたる勧告や平成26年に導入した提案募集方式による取組等を踏まえ，13次にわたる地方分権一括法が成立した。

１次から13次までの地方分権一括法は，地域の自主性及び自立性を高めるための改革を総合的に推進するため，国から地方公共団体又は都道府県から市町村への事務・権限の移譲や，地方公共団体への義務づけ・枠づけの緩和等を行った。

「令和５年の地方からの提案等に関する対応方針」（令５.12.22閣議決定）を踏まえ，次のとおり関係法律を整備した。

⑴　里帰り出産等における情報連携の仕組みの構築（母子保健法）

⑵　幼稚園教諭免許状・保育士資格のいずれか一方のみで幼保連携型認定こども園の保育教諭等となることができる特例等の期限の延長（就学前の子どもに関する教育，保育等の総合的な提供の推進に関する法律の一部を改正する法律，教育職員免許法）

⑶　公立学校施設整備費国庫負担事業の対象となる事業の実施期間の延長（２か年度以内→３か年度以内）（義務教育諸学校等の施設費の国庫負担等に関する法律）

⑷　管理栄養士養成施設卒業者に係る管理栄養士国家試験の受験資格としての栄養士免許取得を不要とする（栄養士法）

⑸　オンラインによる獣医師の届出に係る都道府県経由事務の廃止（獣医師法）

⑹　国，都道府県又は建築主事を置く市町村の建築物の計画通知に対する審査・検査等に係る指定確認検査機関の活用（11：12建築基準法）

⑺　宅地建物取引業者名簿等の閲覧制度に係る対象書類の見直し（宅地建物取引業法）

⑻　生産緑地法に基づく買取申出のあった土地に係る公有地の拡大の推進に関する法律に基づく届出の不要化（公有地の拡大の推進に関する法律）

11　景観緑三法（みどり三法）

景観法，景観法の施行に伴う関係法律の整備等に関する法律及び都市緑地保全法等の一部を改正する法律の三つの法律を合わせた呼称で，いずれも平成16年6月18日に公布された。

景観の整備・保全の必要性について，地方公共団体に対して一定の強制力を付与することを目的としており，景観法の制定を中心とした関連法律の整備の要素が強い。

その後，景観法のほか，14：8都市緑地法（旧都市緑地保全法）及び17：2屋外広告物法を併せて景観緑（みどり）三法というようになった。

○景観緑三法により制定又は改正された法律

次のとおりである。

- 1：4：2（17：3，18：4）幹線道路の沿道の整備に関する法律
- 2：3都市計画法
- 7：5（16：2）近畿圏の保全区域の整備に関する法律
- 11：1景観法
- 景観法の施行に伴う関係法律の整備等に関する法律
- 11：2（1：3：7，1：4：3，9：1，17：5）密集市街地における防災街区の整備の促進に関する法律
- 鉱業等に係る土地利用の調整手続に関する法律
- 自衛隊法
- 11：12建築基準法
- 14：7都市公園法
- 14：8（11：10）都市緑地法（旧都市緑地保全法）
- 14：9首都圏近郊緑地保全法
- 都市開発資金の貸付けに関する法律
- 特定非常災害の被害者の権利利益の保全等を図るための特別措置に関する法律

- 17：１集落地域整備法
- 17：２屋外広告物法
- 19：11 農業振興地域の整備に関する法律
- 22：7：2 都市の美観風致を維持するための樹木の保存に関する法律

11：1　景観法（平16法律110号）

(1)　本法は，我が国の都市，農山漁村等における良好な景観の形成を促進するため，景観計画の策定その他の施策を総合的に講ずることにより，美しく風格のある国土の形成，潤いのある豊かな生活環境の創造及び個性的で活力ある地域社会の実現を図り，国民生活の向上並びに国民経済及び地域社会の健全な発展に寄与することを目的とする（1条）。

(2)　景観法の制定前は，全国2,685市町村のうち470市町村が景観条例を制定しており，さらに条例制定の動きが見られた。市町村が景観保護行政を先導したといえよう。

(3)　本法は，景観計画の策定（8条1項），景観計画区域（同条2項1号），景観地区（16条7項8号）等における良好な景観の形成のための規制，景観整備機構（20条2項）による支援などを定めている。ただし，景観法自体は，直接，都市景観を規制するものではなく，景観行政団体が景観に関する計画や条例を作る際の法制度となっている。

(4)　本法には，次のように多くの特例規定がある。

a　電線共同溝の整備等に関する特別措置法（48条）

景観計画に景観重要公共施設として定められた道路法による道路（以下「景観重要道路」という。）に関する電線共同溝の整備等に関する特別措置法（平7法律39号）３条の規定の適用についての読み替え。

b　14：12 道路法（49条）

景観計画についての許可の基準に関する事項が定められた景観重要道路についての道路法33条等の適用についての読み替え。

c　21：２河川法の規定による許可（50条）

景観重要河川の河川区域内の土地における許可を要する行為については，河川管理者は，当該行為が景観計画に定められた許可の基準に適合しない場合には，これらの規定による許可をしてはならない。

d　14：7都市公園法の規定による許可等（51条）

景観計画に許可の基準が定められた景観重要公共施設である「景観重要都市公園」における許可を要する行為については，公園管理者は，当該行為が景観計画に定められた許可の基準に適合しない場合には，許可をしてはならない。

e　13：12（15：7，21：5）津波防災地域づくりに関する法律（51条の2）

景観計画に許可の基準が定められた景観重要公共施設である津波防護施設についての同法22条2項等の適用についての読み替え。

f　21：4海岸法（52条）

景観計画の許可の基準が定められた「景観重要海岸」についての同法7条2項及び8条2項等の適用についての読み替え。

g　11：11港湾法（53条）

景観計画の許可の基準が定められた景観重要公共施設である港湾法による港湾についての同法37条2項の適用についての読み替え。

h　漁港漁場整備法（54条）

景観計画の許可の基準が定められた景観重要公共施設である漁港及び漁場の整備等に関する法律による漁港についての同法39条2項及3項の規定の適用についての読み替え。

i　1：3：1農地法（57条）

景観整備機構が指定されたときは，農業委員会は，勧告に係る農地又は採草放牧地につき当該景観整備機構のために使用貸借による権利又は賃借権を設定しようとするときは，農地法3条2項の規定にかかわらず，同条1項の許可をすることができる。景観整備機構のために賃借権が設定されている農地又は採草放牧地の賃貸借については，農地法17条本文並びに18条1項本文，7項及び8項は，適用しない。

j　19：11 農業振興地域の整備に関する法律（58条）

都道府県知事は，農業振興地域の整備に関する法律15条の2第1項の許可をしようとする場合において，開発行為に係る土地が55条2項1号の区域内にあるときは，当該開発行為が景観農業振興地域整備計画に従って利用することが困難となると認めるときは，許可してはならない。

k　8：8 自然公園法（60条）

自然公園法20条4項，21条4項及び22条4項中「環境省令で定める基準」とあるのは，「環境省令で定める基準及び景観法8条1項に規定する景観計画に定められた同条2項4号ホの許可の基準」とする。

(5)　景観法で導入された規制的な仕組みとして，「景観地区」がある。同地区の指定には，都市計画審議会の議を経ることが要求されており（都市計画法18条1項），2023年3月末現在，56地区33市町村に止まっている。

11：2（1:3:7，1:4:3，9：1，17：5）　密集市街地における防災街区の整備の促進に関する法律（密集法・平9法律49号）

＊まち4，マン2:4:3

(1)　本法は，阪神・淡路大震災の経験を踏まえ，大規模地震時に市街地大火を引き起こす防災上危険な状況にある密集市街地について，再開発や防災街区の整備を目的として，制定された。

(2)　密集市街地とは，その区域内に老朽化した木造建物が密集していることに加えて，道路や公園などの十分な公共施設がないこと，その他その区域内の土地利用の状況から，特定防災機能（火事又は地震が発生した場合に，延焼防止及び避難上確保されるべき機能）が確保されていない市街地をいう（2条1号）。

(3)　密集市街地内の各街区について，防災街区としての整備を図るために，都市計画で，特に一体的かつ総合的に市街地の再開発を促進すべき相当規模の地区（防災再開発促進地区）を指定し，その整備・開発の方針（防災街区整備方針）を決定することとしている。

⑷　本法は，防災再開発促進地区（３条１号）において，次の仕組みなどを定めている（３章）。

- 建替計画を認定して，建築物の建替えを促進する制度（４条）
- 特定防災街区整備地区（31条）及び防災街区整備地区計画の制度（32条）
- 特定防災街区整備地区や防災街区整備地区計画の区域において，建築物や敷地の整備，防災のための公共施設の整備などの事業（防災街区整備事業）を実施する仕組み（34条）
- 防災街区整備権利移転等促進計画の公告（36条）があった防災街区整備権利移転等促進計画に係る土地の登記については，政令で，不動産登記法の特例を定めることができる（38条）。

⑸　防災街区整備地区計画区域内での行為制限，防災街区整備事業施行区域内での行為制限，避難経路協定の効力などは，宅地建物取引業法に基づく重要事項説明の対象となっている。

⑹　登記に関する特例規定は，次のとおりである。＊まちづくり４：２～４：４

a　権利変換の登記（225条）

- 施行者は，権利変換期日後遅滞なく，施行地区内の土地につき，従前の土地の表題部の登記の抹消及び新たな土地の表題登記並びに権利変換後の土地に関する権利について必要な登記を申請し，又は嘱託しなければならない（１項）。
- 施行者は，権利変換期日後遅滞なく，施行者に帰属した建築物については所有権の移転の登記及び所有権以外の権利の登記の抹消を，施行地区内のその他の建築物については権利変換手続開始の登記の抹消を申請し，又は嘱託しなければならない（２項）。
- 権利変換期日以後においては，施行地区内の土地及び221条２項により施行者に帰した建築物に関しては，前２項の登記がされるまでの間は，他の登記をすることができない（３項）。

b　施行地区内の土地及びこれに存する建物の登記については，政令で，不動産登記法の特例を定めることができる（276条）。

○同法による不動産登記に関する政令（平15政令524号・令2年法律57号改正）

a　代位登記（2条）

防災街区整備事業（法2条5号）を施行する者は，その施行のため必要があるときは，次の各号（不動産の表題登記など）の登記をそれぞれ当該各号に定める者（所有者など）に代わって申請することができる。

b　代位登記の登記識別情報（3条）

登記官は，aによる申請に基づいて登記を完了したときは，速やかに，登記権利者のために登記識別情報を申請人に通知しなければならない。

登記識別情報の通知を受けた申請人は，遅滞なく，これを登記権利者に通知しなければならない。

c　権利変換手続開始の登記（4条）

権利変換手続開始の登記（法201条1項）の申請をする場合には，公告があったことを証する情報をその申請情報と併せて登記所に提供しなければならない。

権利変換手続開始の登記の抹消（法201条5項）の申請をする場合には，公告があったことを証する情報をその申請情報と併せて登記所に提供しなければならない。

d　土地についての登記の申請（5条）

- 土地の表題部の登記の抹消又は権利変換手続開始の登記の抹消（法225条1項）の申請は，同一の登記所の管轄に属するものの全部について，一の申請情報によってしなければならない（1項）。
- 土地の表題登記及び所有権の保存登記（225条1項），地上権の設定登記（222条1項），停止条件付権利移転の仮登記（同条3項）及び担保権等の設定その他の登記（担保権等登記）224条（令43条において読み替えて適用する場合を含む。8条において同じ。）の申請は，土地ごとに，一の申請情報によってし，かつ，1項の登記の申請と同時にしなければならない（2項）。

- 前項の場合において，一の申請情報によって二以上の登記の登記事項を申請情報の内容とするには，同項に規定する順序に従って登記事項に順序を付するものとする。この場合において，同一の土地に関する権利を目的とする二以上の担保権等登記については，その登記をすべき順序に従って登記事項に順序を付するものとする（3項）。
- 1項及び2項の登記の申請をする場合には，不動産登記令3条各号に掲げる事項のほか，法225条1項により登記の申請をする旨を申請情報の内容とし，かつ，権利変換計画及びその認可を証する情報をその申請情報と併せて登記所に提供しなければならない（4項）。

e　旧建物についての登記の申請（6条）

法225条2項（令45条又は47条で読み替えて適用する場合を含む。）による建物についての登記の申請は，同一の登記所の管轄に属するものの全部について，一の申請情報によってしなければならない。

f　新建物についての登記の申請（7条）

次の登記の申請は，一棟の建物及び一棟の建物に属する建物の全部について，一の申請情報によってしなければならない（1項）。

- 建物の表題登記，共用部分である旨の登記，所有権の保存の登記（法245条1項）
- 先取特権の保存の登記（法251条1項及び法262条で準用する都市再開発法118条1項）
- 停止条件付権利移転の仮登記（法222条3項）
- 借家権の設定その他の登記並びに担保権等登記（同条5項）

この場合において，二以上の登記の登記事項を申請情報の内容とするには，一棟の建物及び一棟の建物に属する建物ごとに，同項に規定する順序に従って登記事項に順序を付するものとする（2項）。

1項の登記の申請をする場合には，不動産登記令3条各号に掲げる事項のほか，法245条1項により登記の申請をする旨を申請情報の内容とし，かつ，権利変換計画及びその認可を証する情報をその申請情報と併せて登記所に提供しなければならない（3項）。

g　借家権の設定その他の登記等の登記原因（8条）

- f 1項の借家権の設定その他の登記においては，登記原因及びその日付として，権利変換前の当該借家権に係る登記の登記原因及びその日付（申請の受付年月日及び受付番号を含む。）並びに法による権利変換があった旨及びその日付を登記事項とする（1項）。
- 担保権等登記においては，登記原因及びその日付として，権利変換前の法224条に規定する担保権等の登記の登記原因及びその日付並びに法による権利変換があった旨及びその日付を登記事項とする（2項）。
- 前2項の登記の申請をする場合に登記所に提供しなければならない申請情報の内容とする登記原因及びその日付は，これらの規定に規定する事項とする（3項）。

h　その他（9条～12条）

＊1：3：7 密集市街地における防災街区の整備の促進に関する法律等の施行について（平9.11.8建設省都計発101号建設事務次官通達）

11：3　特定空港周辺航空機騒音対策特別措置法（騒特法・昭53法律26号）

(1)　都市化が進む空港周辺地域については，土地利用に関する規制・誘導により，騒音障害を未然に防止するとともに，適正な土地利用を図る必要がある。そこで，本法は，都市化が進む前に，どれくらい騒音が発生するかについて概ね10年後まで予測して，土地利用を計画的に進めることによって，航空機騒音の影響を未然に防ごうというものである。また，騒音の影響を受けない施設を整備することによって，地域振興を図っていくことも目的のひとつである（1条）。

(2)　大阪国際空港（伊丹空港）の開港後，空港周辺に宅地開発が進み，人口が増加したことで騒音訴訟が大問題となったため，成田空港（成田国際空港）において，空港周辺で宅地開発が進まないよう住宅等の建築制限等を行うことを目的として，昭和53年に制定した。そのため，「特定空港」（2条）とは，成田空港を指している。

(3) 航空機の著しい騒音が及ぶ地域を「航空機騒音障害防止地区」として定め，また，航空機騒音障害防止地区のうち，特に航空機の著しい騒音が及ぶ地域を「航空機騒音障害防止特別地区」と定めている（4条1項）。（注）

（注） 航空機騒音障害防止地区，航空機騒音障害防止特別地区は，2：3都市計画法（8条16号）で定める「地域地区」のひとつである。なお，地域地区とは，都市計画区域内の土地を，どのような用途に利用すべきか，どの程度利用すべきかなどを定めて21種類に分類している。

平成31年3月31日現在，航空機騒音障害防止地区及び航空機騒音障害防止特別地区に指定されているのは，千葉県の5市町（成田市，山武市，多古町，山武郡芝山町，横芝光町）のみである。（国土交通省）

(4) 航空機騒音障害防止地区内で，住宅・学校・病院などの新築，増改築を行う場合は，定められた基準の防音工事（防音上有効な構造）が義務づけられており，航空機騒音障害防止特別地区内では，原則として住宅や学校・病院等の建築が禁止されている（5条1項）。

(5) 都道府県知事は，(4)の規定に違反した建築物又は許可に付けられた条件に違反した建築物については，当該建築物の所有者又は占有者に対して，相当の期限を定めて，当該建築物の模様替えその他これらの規定に対する違反又は許可に付けられた条件に対する違反を是正するために必要な措置を講ずべきことを命ずることができる（6条1項）。

都道府県知事は，規定に違反した建築物については，当該建築物の所有者又は占有者に対して，相当の期限を定めて，当該建築物の移転，除却又は用途の変更をすべきことを命ずることができる（同条2項）。

11：4　文化財保護法（昭25法律214号）

(1) 本法は，昭和24年1月26日の法隆寺金堂壁画の消失を契機として，文化財を保存し，かつ，その活用を図り，もつて国民の文化的向上に資するとともに，世界文化の進歩に貢献することを目的として（1条），議員立法により成立した。

(2)　有形文化財，無形文化財，民俗文化財，記念物，文化的景観及び伝統的建造物群（町並み）の6分野を文化財として定義し，そのうち重要なものを文化審議会の答申を受けて文部科学大臣が指定・選定等して，国宝，重要文化財，史跡，名勝，天然記念物等として，国の重点的な保護の対象としている（143条）。

(3)　指定・選定等された文化財については，現状変更，修理，輸出などに一定の制限が課される一方，文化庁は，有形文化財の保存修理，防災，買上げ等，無形文化財の伝承者養成，記録作成等，保護のために必要な助成措置を講じている。また，開発等により保護の必要性が高まっている近代の文化財等を対象とし，指定制度を補完するものとして，指定制度よりも緩やかな保護措置を講じる登録制度（57条）により，所有者による自主的な保護を図っている。

○文化財保護法の一部を改正する法律等の施行について（令3.6.14 文化庁次長通知）

(1)　地方登録制度の法的位置づけ（182条3項，182条の2）

地域の実態に合わせた保存・活用の仕組みを整備するため，地方登録制度が法律に位置づけられ，地方登録された文化財を国の登録文化財へ提案できる制度も導入した。

(2)　無形文化財の登録制度の創設（71条，76条の7，90条の5など）

これまで指定の対象とならなかった書道や食文化などの生活文化も含めた多様な無形の文化財を積極的に保護するため，登録制度を創設した。

11：5（14：3）　流通業務市街地の整備に関する法律（市街地整備法・昭41法律110号）

本法は，都心部に流通機能が集中してトラックやトレーラーが集まり，道路交通混雑を引き起こし，流通業務の低下につながる状態が続いたため，流通業務施設（2条1項）を交通要衝地に適度に分散・再配置し，都市交通の緩和と流通機能の向上を図るとともに，地域開発の拠点となるよう一体的に整備するのが目的である（1条）。

⑴　流通業務団地造成事業

流通業務施設（トラックターミナル・鉄道の貨物駅・卸売　市場・倉庫・流通業関連の事務所や店舗や一定の工場など）が1か所に集中された地区をいう（2条2項）。

⑵　流通業務地区

流通業務地区（4条1項）では，流通業務施設以外の建設や改築，用途変更は原則として禁止される。また，同地区内で，流通業務施設の敷地の造成・整備を行う事業である流通業務団地造成事業を都市計画事業として施行する（9条）。

⑶　不動産売買

流通業務地区では，原則として，流通業務に関連する施設しか建築できないため，一般的な居住用の不動産売買をする上で本法に関係することはほとんどない。しかし，売買の対象となる不動産が流通業務地区内に該当する場合には，制限の内容を調査するとともに，不動産の重要事項説明書の「市街地整備法」の項目にチェックを付けて，制限内容を説明する必要がある。

⑷　流通業務地区内の規制

流通業務団地の造成敷地には，一定期間内に流通業務施設を建築しなければならず，工事完了から10年間は，造成敷地又は敷地上の流通業務施設に関する権利設定及び移転等については，都道府県知事の承認が必要である（5条）。

⑸　不動産登記法の特例

事業地内の土地及び建物の登記については，政令で不動産登記法の特例を定めることができる（47条）。

(6)　14：16 建物の区分所有等に関する法律の特例等

施行者は，政令で定めるところにより，施設住宅及びその敷地の管理又は使用に関する区分所有者相互間の事項につき，管理規約を定めることができる。この場合において，施行者が個人施行者，組合，機構又は地方公社であるときは，政令で定めるところにより，管理規約について都府県知事の認可を受けなければならない（100 条 1 項）。

管理規約は，建物の区分所有等に関する法律 30 条 1 項の規約とみなす（同条 2 項）。

(7)　6：4 土地区画整理法の準用

土地区画整理法 128 条（土地区画整理事業の重複施行の制限及び引継ぎ），129 条（処分，手続等の効力），130 条（宅地の共有者等の取扱い）及び 132 条（債権者の同意の基準）から 136 条（土地区画整理事業と農地等の関係の調整）までの規定は，住宅街区整備事業について準用する（101 条）。

○1：3：2 新住宅市街地開発法等による不動産登記に関する政令（昭 40 政令 330 号）

流通業務市街地の整備に関する法律による不動産登記の特例（13 条前段）

2 条から 9 条までの規定は，流通業務市街地の整備に関する法律 47 条（不動産登記法の特例）の登記について準用する。

○同法による不動産登記に関する政令（昭 50 政令 7 号）**：廃止・平 17 政令 24 号〔施行平 17 年 3 月 7 日〕**

11：6　生産緑地法（昭 49 法律 68 号）

(1)　本法は，人口の増加による都市部の住宅不足が問題になった昭和 49 年に制定された。市街地に残る農地などの緑地を守り，緑と調和する健全な都市環境を作ることを目的としている（1 条）。

(2)　生産緑地は，市町村から生産緑地と指定された市街地に残る農地などの緑地であり，所有する農地が生産緑地に指定されれば固定資産税が安くなるなどの税制優遇措置が適用される。

⑶ 制定当時は，市街地に残る農地の固定資産税を引き上げ，市街地に所在する農地の所有者に土地の売却・開発を促すなど，現在とは趣旨が正反対の法律であった。すなわち，生産緑地法は「市街地に残る緑を除去するために」という目的で定められたといえる。

⑷ その後，時代の流れが変わり，市街地に残る農地などの緑地こそが都会で暮らす人々の生活を豊かにするという考えが主流になった。市街地の緑を除去しつつ開発を進めるために制定された生産緑地法は時代遅れになり，都会に緑を残すべきという考えが主体となったのである。

⑸ そこで，平成４年に法改正がされ，市街地に残る農地などの緑地を守り，都市と緑を共存させることを目指す現在の趣旨に変更された。さらに，平成29年に改正された。

⑹ そして，「生産緑地」に「2022年問題」が起きるのではないかといわれた。

生産緑地法では生産緑地制度を「良好な都市環境を確保するため，農林漁業との調整を図りつつ，都市部に残存する農地の計画的な保全を図る」としている。農地は，特に都市部では環境保全のほか災害時の避難場所としての活用などの役割を果たしている。

改正された生産緑地法では，生産緑地地区に指定されると，農地として管理することを義務づけられるほか，「営農」に関係ない建物の新築・増築や宅地の造成ができなくなり，一方，固定資産税は，農地として課税されるため負担額は少ない。また，相続税についても納税が猶予される制度がある。

これは，相続した農地（生産緑地）の評価額が高くなって相続税が課税されると，場合によっては農地を手放さなくてはならなくなり，農業の継続ができなくなるおそれがあるために行われた法改正である。

⑺「保全する農地」は，生産緑地として引き続き「営農」が可能となったが，その他の農地については「宅地化する農地」として宅地化が進められた。この改正が行われたのは，声が挙がるバブルの時期で，市街化区域の

農地については地価高騰による税負担の公平性を求めるほか，供給する宅地の量を増やすという目的もあり，農地は一部（生産緑地）を除いては「宅地化すべきもの」として位置づけられていた。

(8)　生産緑地地区に指定された場合には営農が前提となり，それ以外の用途で農地を活用することはできない。また，固定資産税・相続税負担が少ないとはいえ，農業だけでは収益を確保できない場合もあり，農地を宅地に転用して活用するケースも増えている。

(9)　しかしその後，1992 年に定められた生産緑地のうち，「特定生産緑地」に指定されたのは，約 9 割という調査結果が発表された。生産緑地指定の解除により買取の申出から宅地転用された土地は，91 ヘクタールにとどまり，地価への影響はそれほど大きなものとはならなかったとのことである。

(10)　なお，特定生産緑地は，10 年ごとに延長を可能とし，農業従事者が亡くなった場合やなんらかの事情で営農が困難になった場合は，市区町村への買取の申し出ができることになっている。

(11)　この「特定生産緑地」の指定状況は，国土交通省からの発表によると，2022 年 8 月から 12 月に指定解除となった生産緑地 9,273 ヘクタールのうち，特定生産緑地の指定を受けたのは 8,282 ヘクタールと 89.3 パーセントに上り，指定を受けなかったのは 991 ヘクタールで 10.7 パーセントと約 1 割にとどまった（国土交通省発表資料）。

　したがって，生産緑地指定の解除により農地から宅地などへ変更され，市場に出てくる土地の地価に大きな影響を与える懸念はなくなった模様である。

○生産緑地 2022 年問題

　生産緑地のほとんどは，「改正生産緑地法」が 1992 年に施行されたタイミングで生産緑地の指定を受けているため，1992 年から 30 年後の 2022 年に，農地として管理する義務がなくなり，「買取り申出」ができるようになり，大量の生産緑地が，農地として保全されるのか，「買取り申出」により宅地化するのか，の分かれ目になる。場合によっては，生産緑地が一斉に宅地化する可能性もあるといわれた。このことを「生産緑地2022年問題」といっている。

(1)「買取り申出」

生産緑地の指定を解除する場合に，所有者は，地方自治体に時価で買取るよう申し出する制度である。自治体は，１か月経過しても買い取れない場合は，２か月間他の農業関係者に買取りを斡旋し，生産緑地の継続維持に努めなければならない（生産緑地法10条）。

その結果，買取り不成立になっても再び生産緑地に戻すことはできず，所有者は，買取り申出から計３月経過後に地目変更登記をして，宅地に転用が可能になる。

実際は，自治体が買い取ることは金銭的に難しく，他の農業関係者も買い取る事例は少ないのが現状であり，このため，ほとんどが宅地化の手続に移行する。

(2) 国の対応

国は，都市環境保全の視点から，緑地や公園，都市農業を優先，保全したいという背景があるため，2015年４月に「19：９都市農業振興基本法」を制定し，それに基づいた「都市農業振興基本計画」から，生産緑地法，都市計画法，都市緑地法，都市公園法などを改正し，生産緑地地区の指定面積を500平方メートル以上から300平方メートル以上に引き下げ，生産緑地が残るように促してきた。

また，「特定生産緑地」制度を創設し，生産緑地の買取り申出を10年延期することができるようになり，10年ごとの更新で，生産緑地の保全を図ってきた。

さらに，2018年６月に「19：７都市農地の貸借の円滑化に関する法律」（都市農地貸借法）を制定し，生産緑地の貸借を可能にして，相続税の納税猶予の特例を受けている場合には，貸借しても納税猶予を継続できるようになり，営農の継続が困難になった場合でも，納税猶予を受けながら，生産緑地を賃貸し，保全することができるようになった。

⑶　生産緑地所有者の立場

生産緑地所有者は，生産緑地の指定を受けてから30年経過すると，自動的に指定が解除されて，「宅地課税」扱いになり，固定資産税・都市計画税が増え，また，毎年20パーセントアップの激変緩和措置の適用（5年間）を受け，いつでも「買取り申出」ができるようになる。また，生産緑地所有者は，指定解除後，固定資産税等が激増することになるため，都市に緑地を残すこととし，「特定生産緑地」を創設した。

これにより，10年単位で特定生産緑地の指定を受けることができ，固定資産税等もこれまでと同様に，農地評価・農地課税を継続することができるようになった。

⑷　2022年の解除後の生産緑地所有者の選択肢

特定生産緑地に指定されることで，今までの生産緑地と同じ税制面での優遇を受けることができ，都市農地貸借法により，生産緑地の貸借が可能になったため，本人が営農を続けられなくなった場合でも，借地人がいれば，その土地の営農は維持でき，また，納税猶予は，後継者にも適用される。

デメリットは，指定から10年間は買取り申出ができなくなること，営農義務が継続することである。

11：7（22：7：1）　古都における歴史的風土の保存に関する特別措置法（古都保存法・昭41法律1号）

本法は，「古都」における「歴史的風土」を後世に引き継ぐべき国民共有の文化的資産として適切に保存するため，国等において講ずべき措置を定めている。

⑴「古都」とは，往時の政治，文化の中心等として歴史上重要な地位を有する市町村をいい（2条1項），京都市，奈良市，鎌倉市のほかに，政令で，現在，天理市，橿原市，桜井市，奈良県生駒郡斑鳩町，同県高市郡明日香

村，逗子市並びに大津市の合計８市１町１村が指定されている（昭41政令232号２条１項）。

これらの市町村においては，歴史的風土保存区域の指定や歴史的風土特別保存地区の都市計画決定等の措置を講じ，区域内での開発行為を規制すること等により，古都における歴史的風土の保存を図っている。

(2) 「歴史的風土」とは，古都保存法において「わが国の歴史上意義を有する建造物，遺跡等が周囲の自然的環境と一体をなして古都における伝統と文化を具現し，及び形成している土地の状況」と定められており，歴史的な建造物や遺跡と，それらをとりまく樹林地などの自然的環境が一体となって古都らしさを醸し出している土地の状況をいう（２条２項）。

(3) 歴史的風土保存区域内において歴史的風土の保存上当該歴史的風土保存区域の枢要な部分を構成している地域については，歴史的風土保存計画に基づき，都市計画に歴史的風土特別保存地区を定めることができる（６条１項）。

○古都における歴史的風土の保存に関する特別措置法第２条第１項の市町村を定める政令（昭41政令232号）

天理市，橿原市，桜井市，奈良県生駒郡斑鳩町，同県高市郡明日香村，逗子市及び大津市とする。

11：8（5：4，17：4） 地域における歴史的風致の維持及び向上に関する法律（歴史まちづくり法・平20法律40号）

本法は，地域における固有の歴史や伝統を反映した人々の活動と，活動が行われる歴史上価値の高い建造物と周辺の市街地とが，一体となって形成してきた良好な歴史的な環境（歴史的風致）を維持・向上させ，後世へ継承することを目的とする（１条）。

市町村が作成する「歴史的風致維持向上計画」には，「重点区域・２条２項」を定めなければならない（５条２項２号）が，この「重点区域」は，重要文化財，重要有形民俗文化財又は史跡名勝天然記念物として指定された建造物の用に供される土地の区域及びその周辺の土地の区域又は重要伝統的建造物群保存地区内の土地の区域及びその周辺の土地の区域であることが条件となっている（2条2項1号，2号）。

○　歴史まちづくり法の仕組み
　歴史的風致の維持及び向上に関する基本方針の策定
　（文部科学省・農林水産省・国土交通省の共管）
　↓
市町村による歴史的風致の維持及び向上計画・歴史的風致計画向上計画の策定
　↓
歴史まちづくりを進める市町村の認定
　↓
屋外広告物規制，都市計画や緑地の管理等について，市町村に権限委任
　↓　　　　　　　　　　　　　　↓
重要文化財等と一体で歴史的風致を形成する建造物の復元・再生　　歴史的風致を活かした町並みの再生

11：9（22:7:3）明日香村における歴史的風土の保存及び生活環境の整備等に関する特別措置法（明日香法・昭55法律60号）

(1)　奈良県高市郡明日香村は，我が国の律令国家が形成された時代における政治及び文化の中心的な地域であり，往時の歴史的，文化的資産が村の全域にわたって数多く存在し，周囲の環境と一体となって，他に類を見ない貴重な歴史的風土を形成している。

(2)　このような明日香村の貴重な歴史的風土は，農林業等の地域の産業をはじめとする住民の日常的な生活の中で保存され育まれてきたものであることから，歴史的風土を将来にわたって良好に保存していくためには，住民生活の安定や産業の振興との調和が不可欠であるといえる。

(3)　そこで，本法は，11：7古都保存法の特例として，第一種及び第二種歴史的風土保存地区を定め，村全域にわたる行為規制を行うとともに，明日

香村整備計画（4条）に基づく生活環境及び産業基盤の整備等の事業や明日香村整備基金による事業を実施し，明日香村の貴重な歴史的風土の保存と住民生活の安定及び産業振興との調和を図るための特別の措置を講じている。

11：10（14：8）都市緑地法（昭48法律72号）

「14：9首都圏近郊緑地保全法」や「7：5近畿圏の保全区域の整備に関する法律」で定める緑地保全制度は，首都圏と近畿圏だけのものであったため，全国に拡大した旧「都市緑地保全法」が昭和48年に定められ，後に都市緑地法と改称された。

本法は，緑地（3条1項）の少ない都市部における緑地の保全や緑化の推進のための仕組みを定めたもので，緑地保全地域・特別緑地保全地区・緑化地域は，2：3都市計画法8条で定める「地域地区」のひとつである。

○改正都市緑地法（平29法律26号）

(1) 緑地の定義へ農地を明記（3条）

緑地の定義に「農地」が含まれることを明記し，都市緑地法の諸制度の対象とすることを明確化する。

(2) 緑化地域制度の改正（34条）

商業地域等の建ぺい率の高い地域における都市緑化を推進する。

(3) 市民緑地認定制度の創設（60条）

まちづくり会社等の民間主体が，市区町村長による設置管理計画の認定を受け，オープンアクセスの市民緑地を設置する。

(4) 緑地保全・緑化推進法人（みどり法人）制度の拡充（67条）

緑の担い手として民間主体を指定する制度を拡充する。緑地保全・緑化推進法人（みどり法人・緑地管理機構の名称変更）の指定権者を知事から市区町村に変更する。

○都市緑地法運用指針（平30.4.1改正）

11：11　港湾法（昭25法律218号）

(1)　本法は，港湾の秩序ある整備と適正な運営を図るとともに，航路を開発し保全することを目的とする（1条）。

(2)　港湾とは「港」という意味で，港とは「船が出入・停泊し，人が乗り降りしたり貨物を積みおろししたりする施設のあるところ」で，港湾法の対象となる「港湾」と「漁港」（漁港漁場整備法の対象）とに分けられる。

(3)　港務局（4条）は，その設立，主たる事務所の所在地の変更その他政令で定める事項について，政令で定める手続により，登記しなければならない（7条1項）。港務局は，設立の登記をすることによつて成立する（8条）。

11：12　建築基準法（昭25法律201号）

(1)　本法は，国民の生命・健康・財産の保護のため，建築物の敷地・設備・構造・用途についてその最低基準を定めた（マン2：3：2）。11：14市街地建築物法（大正8年制定）に代わって制定され，建築に関する一般法であるとともに，2：3都市計画法と連係して都市計画の基本を定める役割を担っている。

(2)　遵守すべき基準として，個々の建築物の構造基準（単体規定，具体的な技術基準は政省令等で詳細に定められている。）と都市計画をリンクしながら，都市計画区域内の建物用途，建ぺい率，容積率，建物の高さなどを規制する基準（集団規定）を定めている。

(3)　これらの基準を適用し，その遵守を確保するため，建築主事等が建築計画の法令適合性を確認する仕組み（建築確認）や違反建築物等を取り締まるための制度などが規定されている。その法律的な性格の特徴は，警察的な機能を担うことから，本法による規制を「建築警察」ということがある。

○建築制限・緩和に関する規定

• 被災市街地

特定行政庁は，市街地に災害のあった場合において都市計画又は土地区画整理法による土地区画整理事業のため必要があると認めるときは，区域を指定し，災害が発生した日から１月以内の期間を限り，その区域内における建築物の建築を制限し，又は禁止することができる（84条１項）。

- 簡易な構造の建築物に対する制限の緩和（84条の２）
- 仮設建築物

非常災害があった場合に非常災害区域等内においては，災害により破損した建築物の応急の修繕又は次の各号（略）のいずれかに該当する応急仮設建築物の建築でその災害が発生した日から１月以内にその工事に着手するものについては，本法令の規定は，適用しない。ただし，防火地域内に建築する場合については，この限りでない（85条）。

- 景観重要建造物

景観法（19条１項）により景観重要建造物として指定された建築物のうち，良好な景観の保全のためその位置又は構造をその状態において保存すべきものについては，市町村は，必要と認める場合，国土交通大臣の承認を得て，条例で，規定の全部若しくは一部を適用せず，又はこれらの規定による制限を緩和することができる（85条の２）。

- 伝統的建造物群保存地区内

景観重要建造物として指定された建築物のうち，良好な景観の保全のためその位置又は構造をその状態において保存すべきものについては，市町村は，国土交通大臣の承認を得て，条例で，規定の全部若しくは一部を適用せず，又はこれらの規定による制限を緩和することができる（85条の３）。

- 一団地の敷地を一の敷地とみなすこと等

建築物の敷地又は建築物の敷地以外の土地で二以上のものが一団地を形成している場合に，当該一団地内において建築，大規模の修繕又は大規模の模様替（以下「建築等」という。）をする一又は二以上の構えを成す建築物について，国土交通省令で定めるところにより，特定行政庁が当該一又は二以上の建築物の位置及び構造が安全上，防火上及び衛生上支障がないと認めるときは，当該一又は二以上の建築物に対する各規定（特例対象規定）の適用については，当該一団地を当該一又は二以上の建築物の一の敷地とみなす（86条1項）。

• 既存の建築物に対する制限の緩和等（86条の7～9，87条，87条の2）

○ 11：12 建築基準法の一部改正関係（令4法律69号・令和7年4月1日施行）

＊マン2：(3)：(2)

居住環境向上用途誘導地区内の建築物であって，その全部又は一部を都市計画において定められた誘導すべき用途に供するものの容積率は，当該都市計画に定められた数値以下とし，当該地区内においては，地方公共団体は，国土交通大臣の承認を得て，条例で，用途地域における用途の制限を緩和することができる（52条，60条の2の2）。そのほか，次のとおり。

(1)　建築確認・検査の対象となる建築物の規模等の見直し

木造建築物の建築確認検査や審査省略制度の対象を見直し，非木造と同様の規模とする。

(2)　小規模伝統的木造建築物等に係る構造計算適合性判定の特例

a　建築確認・検査の対象となる建築物の規模等の見直し

木造建築物の建築確認検査や審査省略制度の対象を見直し，非木造と同様の規模とする。

b　小規模伝統的木造建築物等に係る構造計算適合性判定の特例

小規模な伝統的木造建築物等について，構造設計1級建築士が設計又は確認を行い，専門的知識を有する建築主事等が建築確認審査を行う場合は，構造計算適合性判定を不要とする。

(3)　階高の高い木造建築物等の増加を踏まえた構造安全性の検証法の合理化

2級建築士でも設計できる簡易な構造計算で設計できる建築物の規模について，高さ13メートル以下かつ軒高9メートル以下から階数3以下かつ高さ16メートルへ拡大する。

これに伴い，建築士法でも，2級建築士の業務範囲について，階数が3

以下かつ高さ16メートル以下の建築物にするなどの改正を行った。

⑷　構造計算が必要な木造建築物の規模の引き下げ

２階建て以下の木造建築物で，構造計算が必要となる規模について述べ面積が500平方メートルを超えるものから，300平方メートル超えるものまでに引き下げる。

⑸　中大規模建築物の木造化を促進する防火規定の合理化

延べ面積が3,000平方メートルを超える大規模建築物を木造とする場合にも，構造部材である木材をそのまま見せる「あらわし」による設計が可能となるよう，新たな構造方法を導入し，大規模建築物への木造利用の促進を図る。

⑹　部分的な木造化を促進する防火規定の合理化

耐火性能が要求される大規模建築物についても，壁・床で防火上区画された避難上支障のない範囲内で部分的な木造化を可能とする。

これにより，例えば，複数にまたがるメゾネット住戸内の中間床や壁・柱など，最上階の屋根や柱・梁などについて，部分的な木造化を行う設計が可能となる。

⑺　防火規定上の別棟扱いの導入による低層部分の木造化の促進

高い耐火性能の壁などや，十分な離隔距離を有する渡り廊下で，分棟的に区画された建築物については，その高層部・低層部をそれぞれ防火既定上の別棟として扱うことで，低層部分の木造化が可能となる。

⑻　防火壁の設置範囲の合理化

他の部分と防火壁などで有効に区画された建築物の部分であれば，1,000平方メートルを超える場合も防火壁などの設置は必要ないこととする。

⑼　既存建築ストックの省エネ化と併せて推進する集団規定の合理化

ａ　建築物の構造上やむを得ない場合における高さ制限に係る特例許可の拡充

省エネ改修などの工事に際して，高さ制限を超えることが建築物の構造上やむを得ない場合には，市街地環境を害しないものに限り，高さの制限を超えることを可能とする特例許可制度を導入する。

b　建築物の構造上やむを得ない場合における建ぺい率・容積率に係る特例許可の拡充

屋外に面する部分の工事により，容積率や建ぺい率制限を超えることが構造上やむを得ない建築物に対する特例許可制度を創設する。

c　住宅等の機械室等の容積率不算入に係る認定制度の創設

機械室等に対する容積率の特例許可は，共同住宅等において高効率給湯設備等を設置する場合の活用実績が多いことから，省令に定める基準に適合していれば，建築審査会の同意は不要とし，特定行政庁が認定する。

⑽　既存建築ストックの長寿命化に向けた規定の合理化

住宅の居室に必要な採光に有効な開口部面積を合理化し，原則 1/7 以上としつつ，一定条件の基で 1/10 以上まで必要な開口部の大きさを緩和することを可能とする。

⑾　一団地の総合的設計制度等の対象行為の拡充

一団地の総合的設計制度・連担建築物設計制度における対象行為を拡充し，現行の建築（新築，増築，改築，移転）に加えて，大規模の修繕・大規模の模様替を追加する。

⑿　既存不適格建築物における増築時等における現行基準の遡及適用の合理化

既存不適格建築物について，安全性の確保等を前提として，増改築時等における防火・避難規定，集団規定（接道義務，道路内建築制限）の遡及適用の合理化を図る。

⒀　一定範囲内の増築等において遡及適用しない規定・範囲の追加

既存不適格建築物について，安全性等の確保を前提に接道義務・道路内建築制限の遡及適用を合理化し，「市街地環境への影響が増大しないと認められる大規模の修繕・大規模の模様替を行う場合」は，現行基準を適用しない。

11：13（14：15） 駐車場法（昭32法律106号）

都市における自動車の駐車施設の整備に関して，必要な事項を定めた。主な内容は次のとおり。

⑴　2：3都市計画法の各用途地域内において，必要な区域には，都市計画に駐車場整備地区を定めることができる（3条～4条）。

⑵　駐車場整備地区内の道路の路面に路上駐車場（2条1号），路面外に路外駐車場（2条2号）を設けることができる（路上駐車場・5条～9条，路外駐車場・10条～19条）。

⑶　地方公共団体は，定められた規模以上の建築物に駐車施設の附置義務及び管理を条例で定めることができる（20条）。

11：14（14：1） 市街地建築物法（大8法律37号・昭和25年法律201号廃止）

○2：3都市計画法と市街地建築物法

大正8年4月，都市計画法と市街地建築物法が公布され，翌年施行された。

2：3都市計画法は，都市の将来の拡大・発展を見越して計画的に対処しようとするもので，個々の市域を越えて都市計画区域を設定できるようにした。また，都市計画に関しては，私権制限を設け，地域制度により，土地の用途や建築物の種類・高さ等を制限できるようにした。

市街地建築物法は，現在の11：12建築基準法の前身に当たり，住居・商業・工業の用途地域や防火・美観地区等の制度などを設けた。2：3都市計画法の施行に伴い，大正11年4月に「東京都市計画区域」が決定された。当時の交通手段で東京駅から1時間の範囲，半径約16キロメートルの範囲が指定された。

昭和7年10月，従来の15区に隣接する5郡82町村は東京市と合併し，20区が新たに設置された。品川・目黒・荏原・大森・蒲田・世田谷・杉並・豊島・滝野川・荒川・王子・板橋・向島・城東・葛飾・足立・淀橋・中野・渋谷・江戸川の各区で，これにより，従来の15区とあわせ，東京市は35区体制となったが，この35区に，千歳村・砧村（両村は昭和11年に世田谷区に編入された）を加えると，その範囲は「東京都市計画地域」と全く同じである。

なお，千歳・砧両村を含む「35区」の東京市の範囲が現在の「23区」体制になったのは，昭和22年である。

○建築物に関する統一的基本法としての市街地建築物法

(1)　都市の健全なる発展を促し，不秩序な膨張を防止するという都市計画の目的を併せ持ち，旧都市計画法と相まって都市計画を実現する目的で制定された法律である。

(2)　旧都市計画法は大正8年法律第36号，市街地建築物法は大正8年法律第37号となっており，法律番号も連続していることから姉妹法と呼ばれ，旧都市計画法が大都市を対象として，都市計画の権限・手続，都市計画委員会制度，土地区画整理など，都市計画を総合的・永続的に実行する制度であり，市街地建築物法は，具体的に市街地内の建築物のあり方を規定し，中小都市の市街地にも広く適用させる制度と考えられていた。

(3)　今日では，11：12建築基準法の集団規定に関する部分は，2：3都市計画法に従って行使しているように思われるが，前身である市街地建築物法は，都市計画の機能（用途地域（当時は，住居地域，商業地域，工業地域）の指定は第1条に規定など）を有し，都市計画の側面を持っていたのである。

11：15（18：2）　エネルギーの使用の合理化及び非化石エネルギーへの転換等に関する法律（省エネ法・昭54法律49号・令4法律46号改正）

(1)　本法は，省エネルギーについて定める。熱管理法（昭26法律146号）は，本法の施行により廃止された。

(2)　制定当時の題名は，「エネルギーの使用の合理化に関する法律」で「エネルギーの使用の合理化に関する法律の一部を改正する等の法律」(平25年法律25号)により，平成26年4月1日に「エネルギーの使用の合理化等に関する法律」と改題された。さらに，令和5年4月1日「エネルギーの使用の合理化及び非化石エネルギーへの転換等に関する法律」と改題された。

(3) 内外におけるエネルギーをめぐる経済的社会的環境に応じた燃料資源の有効な利用の確保に資するため，工場，輸送，建築物及び機械器具についてのエネルギーの使用の合理化に関する所要の措置その他エネルギーの使用の合理化を総合的に進めるために必要な措置等を講じて，国民経済の健全な発展に寄与することを目的とする(1条)。

(4) 建築物に係る措置

建築物の建築をしようとする者や建築物の所有者等者は，基本方針の定めに留意して，建築物の熱の損失の防止及び建築物に設ける空気調和設備その他の政令で定める建築設備(空気調和設備等)に係るエネルギーの効率的利用のための措置及び建築物において消費されるエネルギーの量に占める非化石エネルギーの割合を増加させるための措置を適確に実施することにより，建築物に係るエネルギーの使用の合理化及び非化石エネルギーへの転換に資するよう努めなければならない(147条)。

11：16(18：3) 建築物のエネルギー消費性能の向上(等)に関する法律(建築物省エネ法・平27法律53号・令4法律69号改正)

＊マン2：3：4

(1) 本法は，建築物におけるエネルギーの消費量が著しく増加していることに鑑み，建築物のエネルギー消費性能の向上に関する基本的な方針の策定について定めるとともに，一定規模以上の建築物の建築物エネルギー消費性能基準への適合性を確保するための措置，建築物エネルギー消費性能向上計画の認定その他の措置を講ずることにより，11：15エネルギーの使用の合理化及び非化石エネルギーへの転換等に関する法律(昭54法律49

号）と相まって，建築物のエネルギー消費性能の向上を図り，もって国民経済の健全な発展と国民生活の安定向上に寄与することを目的とする（1条）。

(2)　2050年カーボンニュートラル，2030年度温室効果ガス46パーセント排出削減（2013年度比）の実現に向け，令和3年10月，地球温暖化対策等の削減目標を強化することが決定され，これを受けて，我が国のエネルギー消費量の約3割を占める建築物分野における取組みが急務となった。

(3)　そこで，建築物のエネルギー消費性能の向上を図るため本法を改正し，11：15省エネ法（昭54法律49号）と相まって，建築物のエネルギー消費性能基準への適合義務等の措置を講じた。

11：17　広域的地域活性化のための基盤整備に関する法律（広域地域活性化法・平19法律52号）

(1)　我が国の持続的な発展を図るには，意欲のある地域の活性化に向けた取組みについて，民間，公共が総合的に施策を展開することが重要である。

これまでの東京中心の一極集中型の構造から，広域ブロックがそれぞれの資源を最大限に生かした特色ある地域戦略を描くことにより，自立的な圏域を形成し，各ブロックが相互に活力ある国土を形成する，広域ブロック自立型への構造転換を目指す必要がある。

(2)　本法は，このような状況を踏まえ，以下により，地域の自立と活性化を図ろうとするものである。

- 民間事業者は，拠点施設の整備に関する事業で，事業区域の面積が政令で定める規模以上事業の民間拠点施設整備事業計画の認定を申請することができる（7条）。
- 認定事業者は，都市計画の決定等の提案することができる（16条）。

(3)　人口減少が著しく進行している地域において，居住者の生活環境が持続不可能となるおそれが高まる中，地域の活性化を図るためには，地方への人の流れの創出・拡大が課題となり，一方，新型コロナウイルス感染症の感染拡大を経て，若者・子育て世帯を中心に二地域居住に対するニーズが高まっている。二地域居住（特定居住）は，関係人口を創出・拡大し，魅力的な地域づくりに資するものである。

なお，二地域居住とは，主な生活拠点（都市部）とは別の特定の地域（地方部）に生活拠点（ホテル等も含む。）を設けて暮らすことをいう。

(4) 二地域居住の普及・定着を通じて，地方への人の流れの創出・拡大が必要となり，本法は，令和６年に改正された（令６法律 12 号）。次のとおりである。

- 二地域居住促進のための市町村計画制度の創設（22 条）
- 二地域居住者に「住まい」・「なりわい」・「コミュニティ」を提供する活動に取り組む法人の指定制度の創設（28 条～）
- 二地域居住促進のための協議会制度の創設（23 条）

11：18 公有地の拡大の推進に関する法律（公有地拡大法・昭 47 法律 66 号）

(1) 本法は，都市の健全な発展と秩序ある整備を促進するため必要な土地の先買い（６条１項）に関する制度の整備，地方公共団体に代わって土地の先行取得を行うための土地開発公社の創設（10 条），登記（15 条）その他の措置を講じて，公有地の拡大の計画的な推進を図り，もって地域の秩序ある整備と公共の福祉の増進に資することを目的とする（１条）。

(2) 都市計画区域内の「一定規模以上の土地」について，土地所有者が有償譲渡をするときに，その土地を地方公共団体（行政）が必要であれば買取りができるように，契約前に都道府県知事（政令市は市区長）に届出しなければならない（４条１項）。届出をした者は，一定の期間内，届出をした地方公共団体等以外の者に譲渡することはできない（８条）。

行政が土地を優先的に取得できるとしているのである。

(3) 地方公共団体は，地域の秩序ある整備を図るために必要な公有地となるべき土地等の取得及び造成その他の管理等を行わせるため，単独で，又は他の地方公共団体と共同して，土地開発公社を設立することができる（10条）。

(4)　土地開発公社は，政令で定めるところにより，登記しなければならない（15条1項）。

これらの土地は，行政が購入を検討するため，不動産売買契約締結前に役所への届出が必要で，定められた面積以外の土地の届出対象面積は，行政によって異なるため確認が必要である。「一定規模以上の土地」は，次の土地である（4条1項）。

- 市街化区域内：5,000平方メートル以上
- 市街化区域以外の都市計画区域（市街化区域を除く市街化調整区域・非線引き都市計画区域）：10,000平方メートル以上
- 都市計画施設（道路や公園のような都市施設で，都市計画により建設が決定されたもの）がかかる一定面積以上の土地：東京都や大阪市は200平方メートル以上
- 都市計画区域内の土地で，道路・公園・河川の予定地として計画決定された区域内にある土地
- 一定の土地区画整理事業，住宅街区整備事業の施行区域内にある土地
- 生産緑地地区内にある土地

(5)　(4)の規定は，国，地方公共団体等若しくは政令で定める法人に譲り渡されるものであるとき，又はこれらの者が譲り渡すものであるとき等には，適用されない（4条2項各号）。

11：19　空家等対策の推進に関する特別措置法（空家対策法・平26法律127号・令5法律50号改正）

本法は，空き家の放置で起こる諸問題を解決し，建物自体の再利用や処分することを目的としている。これまで所有者の許可なしでは不可能だった敷地への立入り・調査，住民票や戸籍などから個人情報を確認できるようにした。調査によって問題があると見なされた空き家は「特定空家（2条2項）」

となり，行政は，所有者に対して，不動産管理の助言・指導・勧告・命令をすることができる。

また，空家等（居住の用に供されていない建築物及びそれに付属する工作物又はその敷地。2条1項）の管理に関しては，市町村長の権限について，民法25条1項，952条1項，264条の8第1項，264条の9第1項又は264条14第1項の特例を定め（14条），11：12建築基準法の特例も定めている（17条）。

○空家等対策の推進に関する特別措置法の一部を改正する法律（令5法律50号）〔令和5年12月13日施行〕

改正法では，空き家活用拡大等を図る観点から「空家等活用促進区域（7条3項）」や市区町村が空家の活用や管理に取り組む社団法人等を「空家等管理活用支援法人（23条）」に指定できる制度が開始し，併せて，空き家管理の確保の観点から，放置すれば特定空家になるおそれのある空家を「管理不全空家（28条）」に指定し，管理指針に即した措置を市区町村長から指導・勧告することができるとし，勧告を受けた管理不全空家は，固定資産税の住宅用地特例（1/6等に減額）を解除する規定が創設された。

11：20　環境影響評価法（環境アセスメント法・平9法律81号）

本法は，事業者が事業を実施するに当たっては，あらかじめ環境影響評価（環境アセスメント）を行うことが環境の保全上極めて重要であることから，規模が大きく，環境影響の程度が著しいことになるおそれがある事業について環境影響評価の手続を定め，関係機関や住民等の意見を求めつつ，環境影響評価の結果を当該事業の許認可等の意思決定に適切に反映させることを目的とする（1条）。

環境影響評価とは，事業の実施が環境に及ぼす影響（当該事業の実施後の土地又は工作物において行われることが予定される事業活動その他の人の活動が当該事業の目的に含まれる場合には，これらの活動に伴って生ずる影響を含む。）について環境の構成要素に係る項目ごとに調査，予測及び評価を行うとともに，その過程において，事業に係る環境の保全のための措置を検討し，この措置が講じられた場合における環境影響を総合的に評価することをいう（2条）。

○環境アセスメントの対象事業は，次のとおり

・道路・河川・鉄道・飛行場・発電所・廃棄物最終処理場・埋立て，干拓

・土地区画整理・新住宅市街地開発・工業団地造成・新都市基盤整備・流通業務団地造成・宅地造成

○各種書類

配慮書（3条の3），方法書（5条），準備書（14条），評価書（21条）

11：21　民間事業者の能力の活用による特定施設の整備の促進に関する臨時措置法（民活法・昭61法律77号・平18法律31号廃止）

本法は，民間事業者の能力を活用して経済社会の基盤の充実に資する特定施設の整備を図ることにより，内需の着実な拡大と地域社会の活性化等に寄与することを目的とする。

支援措置としては，事業主体に対する日本開発銀行等からの無利子融資及び低利融資並びに税制の特例措置（特別償却，不動産取得税等の減免）等が講じられている。

本法は，平成8年5月末までの時限立法であったが，平成7年9月の経済対策において，経済構造改革の一層の推進を図るため，純粋民間事業者に対する支援を強化するとされたこと等を受けて，同法の一部改正が行われ，同年11月施行された。

この改正により，同法の期限が10年間延長されるとともに，民活法施設整備事業の支援措置の拡充が行われたが，平成18年（法律31号）に廃止された。

11：22　長期優良住宅の普及の促進に関する法律（平20法律87号）

長期優良住宅は，長期にわたり良好な状態で使用するための措置が講じられた優良な住宅で，長期優良住宅の建築及び維持保全の計画を作成し，所管行政庁に申請することで認定を受けることができ（1条），容積率の限度の特

例が認められている（18条）。

新築についての認定制度は平成21年6月4日から，既存住宅を増築・改築する場合の認定制度は平成28年4月1日から開始している。

12 促進区域

促進区域とは，市街地の再開発などを促進するために定められる区域のことで，次の４種類の区域の総称である（２：３都市計画法10条の２第１項）。

(1) 市街地再開発促進区域（１:３:４都市再開発法７条１項）

(2) 土地区画整理促進区域（12：３大都市地域における住宅及び住宅地の供給の促進に関する特別措置法５条１項）

(3) 住宅街区整備促進区域（同法24条１項）

(4) 拠点業務市街地整備土地区画整理促進区域（12：２地方拠点都市地域の整備及び産業業務施設の再配置の促進に関する法律19条１項）

なお，促進区域は，市街化区域又は区域区分が定められていない都市計画区域（いわゆる非線引き区域）において，都市計画としてそれぞれ定められる（２：３都市計画法13条１項８号）。

12：１（1:3:4，９：４） 都市再開発法（昭44法律38号）

＊本法については，まち３，マン２:４:１，土画１:７:８:２を参照

ここでは，登記手続の主な関係条文について記述する。

○同法による不動産登記に関する政令（昭45政令87号・令２政令57号改正）

(1) 代位登記

市街地再開発事業を施行する者（施行者）は，その施行のため必要があるときは，次の各号に掲げる登記（略）をそれぞれ当該各号（略）に定める者に代わって申請することができる（政令２条）。

(2) 代位登記の登記識別情報

登記官は，(1)の申請に基づいて登記を完了したときは，速やかに，登記権利者のために登記識別情報を申請人に通知しなければならない（政令３条１項）。

(2)により登記識別情報の通知を受けた申請人は，遅滞なく，これを登記権利者に通知しなければならない（同条２項）。

⑶　権利変換手続開始の登記及び抹消登記

- 権利変換手続開始の登記（70条1項）の申請をする場合には，公告があったことを証する情報をその申請情報と併せて登記所に提供しなければならない（政令4条1項）。
- 権利変換手続開始の登記の抹消の申請（70条5項）をする場合には，公告（45条6項等）があったことを証する情報をその申請情報と併せて登記所に提供しなければならない（政令4条2項）。

⑷　権利変換の登記

- 施行者は，権利変換期日後遅滞なく，施行地区内の土地につき，従前の土地の表題部の登記の抹消及び新たな土地の表題登記（不動産登記法2条20号）並びに権利変換後の土地に関する権利について必要な登記を申請し，又は嘱託しなければならない（90条1項）。
- 施行者は，権利変換期日後遅滞なく，87条2項により施行者に帰属した建築物については所有権の移転登記及び所有権以外の権利の登記の抹消を，施行地区内のその他の建築物については権利変換手続開始の登記の抹消を申請し，又は嘱託しなければならない（同条2項）。
- 権利変換期日以後においては，施行地区内の土地及び87条2項により施行者に帰属した建築物に関しては，前2項の登記がされるまでの間は，他の登記をすることができない（同条3項）。

⑸　その他の登記

- 土地の表題部の登記の抹消又は権利変換手続開始の登記の抹消の申請は，同一の登記所の管轄に属するものの全部について，一の申請情報によってしなければならない（政令5条1項）。
- 旧建物についての登記の申請は，同一の登記所の管轄に属するものの全部について，一の申請情報によってしなければならない（政令6条1項）。
- 建物の表題登記その他の登記及び担保権等に関する登記の申請は，一棟の建物に属する建物の全部について，一の申請情報によってしなければならない（政令7条1項）。

- 借家権の設定その他の登記においては，登記原因及びその日付として，権利変換前の当該借家権に係る登記の登記原因及びその日付並びに法による権利変換があった旨及びその日付を登記事項とする（政令8条1項）。
- 担保権等に関する登記においては，登記原因及びその日付として，権利変換前の当該担保権等に係る登記の登記原因及びその日付並びに法による権利変換があった旨及びその日付を登記事項とする（政令8条2項）。
- その他所要の規定を整備する（政令9条～12条）。

○民法及び家事事件手続法の一部を改正する法律の一部の施行に伴う法務省関係政令の整備に関する政令（令2政令57号）

都市再開発法による不動産登記に関する政令の一部改正関係

(1)　新建物についての登記の申請の特例の対象に，借家権の設定その他の登記を追加する（7条）。

(2)　(1)の借家権の設定その他の登記においては，登記原因及びその日付として，権利変換前の当該借家権に係る登記の登記原因及びその日付（当該登記の申請の受付の年月日及び受付番号を含む。）並びに都市再開発法による権利変換があった旨及びその日付を登記事項とする（8条）。

(3)　その他所要の規定の整備をする。

12：2（7：7，9：2）　地方拠点都市地域の整備及び産業業務施設の再配置の促進に関する法律（地方拠点法・平4法律76号）

地方においては，若年層を中心とした人口減少が再び広がるなど，地方全体の活力の低下が見られる一方で，人口と諸機能の東京圏への一極集中により，過密に伴う大都市問題が深刻化していた。そこで，本法は，地方拠点都市地域（地域社会の中心となる地方都市と周辺の市町村からなる地域）について，都市機能の増進と居住環境の向上を図るための整備を促進し，これによって，地方の自立的な成長を牽引し，地方定住の核となるような地域を育成するとともに，産業業務機能の地方への分散等を進め，産業業務機能の全国的な再配置を促進し，地方の自立的成長の促進及び国土の均衡ある発展に資することを目的とする（1条）。

都道府県知事は，次の事項等を定めている。

⑴　地域社会の中心となる地方都市及びその周辺の地域等を「地方拠点都市地域」として指定する（4条）。

⑵　指定された地域内の市街化区域のうち，良好な拠点業務市街地として一体的に整備・開発される条件を備えている２ヘクタール以上の規模の土地（例えば鉄道施設跡地）について，都市計画に「拠点業務市街地整備土地区画整理促進区域」（一般的には「拠点整備促進区域」という。）を定めることができる（19条）。

⑶　拠点整備促進区域内で，土地の形質の変更や建築物の新築・増築等の行為をする場合は，原則として，都道府県知事に許可を受けなければならない（21条1項）。

なお，拠点整備促進区域に関する都市計画は，都道府県又は市町村で確認することができる。

⑷　２：３都市計画法の特例等がある（19条～32条）。

12：3（9：3）　大都市地域における住宅及び住宅地の供給の促進に関する特別措置法（大都市法・昭50法律67号）＊まち１：２：２

本法は，大都市地域（２条１項各号の区域）における住宅及び住宅地の供給を促進するために，土地区画整理促進区域（３章）及び住宅街区整備促進区域（５章）内における住宅地の整備又はこれと併せて行う中高層住宅の建設等を定め，大量の住宅及び住宅地の供給と良好な住宅街区の整備を図ることを目的として制定された。平成２年６月29日の改正により，「大都市地域における住宅地等の供給の促進に関する特別措置法」から名称を変更している。

本法の主な内容は，次のとおりであるが，市街地再開発事業と土地区画整理事業が複合化した複雑な仕組みとなっているため，あまり活用されていないようである。

⑴　都市計画に，大都市地域内の市街化区域のうち，既に住宅市街地を形成

している区域等に近接している0.5ヘクタール以上の区域を「土地区画整理促進区域」として（5条），高度利用区域内で，かつ，第一種中高層住居専用地域又は第二種中高層住居専用地域内等の0.5ヘクタール以上の区域等を「住宅街区整備促進区域」として定めることができる（24条）。

(2)　これらの区域内で土地の形質の変更又は建築物の新築・改築・増築を行う場合は，原則として，都道府県知事の許可を受けなければならない（7条1項，26条）。

(3)　住宅街区整備事業の換地処分の公告がある日まで，事業の施行の障害となるような土地の形質の変更又は建築物の新築・改築・増築を行う場合は，都道府県知事の許可を受けなければならない（67条1項）。

(4)　仮換地が指定された場合，従前の宅地について使用収益権を有する者は，仮換地の指定の効力発生の日から換地処分の公告の日まで，仮換地等は従前の宅地について有する権利と同じ内容の使用収益をすることができ，従前の宅地の使用収益は停止され，また，従前の宅地が他人の換地に指定された場合は，従前の宅地の使用収益はできなくなる（83条・土地区画整理法99条1項，3項）。

(5)　換地を定めないこととした宅地に使用収益停止処分がされた場合，宅地の使用収益権者は，定められた期日からその宅地等の使用収益をすることができない（83条・土地区画整理法99条1項，3項，100条2項）。

　なお，土地区画整理促進区域，住宅街区整備促進区域の指定は，都府県又は市町村で確認することができる。

(6)　14：16建物の区分所有等に関する法律の特例等（施行者による管理規約の定め・100条）

(7)　6：4土地区画整理法の準用（住宅街区整備事業・101条）

○住宅市街地の開発整備

(1)　住宅市街地の開発整備は，住宅及び住宅地の供給を促進するため良好な住宅市街地の開発整備を図るべきものとして国土交通大臣が指定するものについては，住宅市街地の開発方針を定めるように務める。

⑵　国及び地方公共団体は，土地区画整理促進区域，地区計画その他の都市計画の決定，住宅市街地の開発整備に関する事業の実施，良好な住宅市街地の開発整備に関連して必要となる公共の用に供する施設の整備その他の必要な措置を講ずるよう努めなければならない。

⑶　国及び関係地方公共団体は，大都市地域における住宅の需要及び供給に関する長期的見通しに基づき，相当規模の住宅市街地の開発整備に関する事業の実施その他の必要な措置を講ずるよう努めなければならない。また，税制上の措置その他の適切な措置を講ずるよう努めなければならない（3条）。

⑷　指定都市の長は，良好な住宅市街地として計画的に開発することが適当と認められる2：3都市計画法7条1項による市街化調整区域における相当規模の地区の地価が急激に上昇し，又は上昇するおそれがあり，これによって適正かつ合理的な土地利用の確保が困難となるおそれがあると認められる区域を監視区域として指定するよう努めるものとする（4条）。

＊板倉英則「大都市地域における宅地供給の促進策について」（日本不動産学会誌6巻2号）

＊五十畑弘「図解入門 よくわかる最新 都市計画の基本と仕組み」（秀和システム　令2.6）

12：4　大都市地域における優良宅地開発の促進に関する緊急措置法（大都市宅地開発法・昭63法律47号）

⑴　三大都市圏の「大都市地域（2条1項1号，2号）」においては，国が策定した「住宅及び住宅地の供給に関する基本方針」により，優良な宅地供給の促進に努める。そのため，本法に定められた土地利用計画，居住環境保全，福祉等に関する一定の基準を満たす事業を国土交通大臣が認定し，税制や融資の特別措置を講ずる。

⑵　関連して必要となる道路，公園，下水道，立体駐車場等の公共公益施設については，通常の国庫補助事業に加え，これとは別枠予算の住宅宅地関

連公共施設等総合整備事業により，その整備を推進する。

⑶　指定都市の長は，地価が急激に上昇し，又は上昇するおそれがあり，これによって適正かつ合理的な土地利用の確保が困難となるおそれがあると認められる区域を監視区域（国土利用計画法27条の6第1項）として指定するよう努める。

12：5（19：17）　特定市街化区域農地の固定資産税の課税の適正化に伴う宅地化促進臨時措置法（昭48法律102号）

本法は，特定市街化区域農地（2条）の固定資産税の課税の適正化を図るに際し，併せて，特定市街化区域農地の宅地化を促進するため行われるべき事業の施行，資金に関する助成，租税の軽減その他の措置について必要な事項を定める（1条）。

平成18年度以降は，住宅金融公庫による新規の宅地造成融資を廃止し，本法における要請土地区画整理事業（3条1項）の市への新たな施行要請及び住宅金融公庫の新規資金貸付けは，行われていないようである。

12：6　大都市地域における宅地開発及び鉄道整備の一体的推進に関する特別措置法（大都市宅鉄法・平元法律61号）

⑴　本法は，鉄道新線の整備により「大都市地域」（2条1項，17条）における住宅地が大量に供給されることが見込まれる地域において，宅地開発事業（2条2項）及び鉄道整備を一体的に推進するために必要な特別措置を講じている。具体的には，常磐新線（つくばエクスプレス）とその沿線地域を対象としたものであり，法律上は，首都圏，近畿圏，中部圏において適用できることとなっているが，常磐新線以後の適用例はない。

⑵　つくばエクスプレスの場合は，減歩率が高く，地主の反対が強い地域が存在し，いつまでたっても完成しないために，予定地周辺を業者に青田買いされて地価が高くなるといった問題が出ていたとのことである。

⑶　「同意特定地域」（同意基本計画に定める特定地域の区域・7条）については，

当該区域が12：３大都市法（昭50法律67号）又は12：４大都市宅地開発法（昭63法律47号）に規定する大都市地域に該当しないものであっても，これを大都市地域とみなして，同法の規定を適用する（17条・18条）。

12：7（5：2）　総合特別区域法（平23法律81号）

本法は，「総合特別区域（２条）」の設定を通じて，産業の国際競争力の強化及び地域の活性化に関する施策の総合的かつ集中的な推進を図るため，総合特別区域基本方針の策定，総合特別区域計画の認定，当該認定を受けた総合特別区域計画に基づく事業に対する特別の措置，総合特別区域推進本部の設置等について定める（５：２）。

○総合特別区域基本方針（平成23年８月15日閣議決定・令和３年３月26日一部変更）

12：8（5：3）　国家戦略特別区域法（平25年法律107号）

(1)　本法は，経済社会の構造改革を重点的に推進することにより，産業の国際競争力を強化するとともに，国際的な経済活動の拠点の形成を促進する観点から，国が定めた国家戦略特別区域（２条１項）において，規制改革等の施策を総合的かつ集中的に推進するために必要な事項を定める（１条）。

(2)　構造改革特区，総合特区，国家戦略特区の違いは，次のとおりである。

国家戦略特区と構造改革特区との提案を一体で受け付けるなどして，連携して運用を行っている。

a　構造改革特区（構造改革特別区域法２条１項）　特例として措置された規制改革事項であれば，全国どの地域でも活用できる制度である。

b　総合特区（総合特別区域法２条１項）　地域の特定テーマの包括的な取組みを規制の特例措置に加え，財政支援も含め総合的に支援する制度である。

c　国家戦略特区（２条１項）活用できる地域を厳格に限定し，国の成長戦略に資する岩盤規制改革に突破口を開くことを目指した制度である。

(3)　認定区域計画（９条）に基づく事業に対する規制の特例措置等

- 公証人役場外定款認証事業の実施（12条の２・公証人法18条２項本文の例外）
- 指定公立国際教育学校等管理法人による公立国際教育学校等の管理（12条の３・学校教育法５条の例外）
- 国家戦略特別区域小規模保育事業（12条の４・児童福祉法６条の３第10項の特例）
- 旅館業法の特例（13条・国家戦略特別区域外国人滞在施設経営事業）
- 医療法の特例（14条・国家戦略特別区域高度医療提供事業）
- 建築基準法の特例（15条・国家戦略建築物整備事業　16条・国家戦略住宅整備事業）
- 道路運送法の特例（16条の２の２・国家戦略特別区域自家用有償観光旅客等運送事業）
- 国有林野の管理経営に関する法律の特例（16条の３・国有林野活用促進事業）
- 出入国管理及び難民認定法の特例（16条の４・国家戦略特別区域家事支援外国人受入事業，16条の５・国家戦略特別区域農業支援外国人受入事業，16条の６・国家戦略特別区域外国人創業活動促進事業，16条の７・国家戦略特別区域外国人海外需要開拓支援等活動促進事業）
- 道路法の特例（17条・国家戦略道路占用事業）
- 農地法等の特例（19条・農地等効率的利用促進事業）
- 国家公務員退職手当法の特例（19条の２・国家戦略特別区域創業者人材確保支援事業）
- 土地区画整理法の特例（20条・国家戦略土地区画整理事業）
- 工場立地法及び地域経済牽引事業の促進による地域の成長発展の基盤強化に関する法律の特例（20条の２・国家戦略特別区域工場等新増設促進事業）
- 都市計画法の特例（21条・国家戦略特別区域工場等新増設促進事業，22条・国家戦略開発事業，23条・国家戦略都市計画施設整備事業）
- 都市再開発法の特例（24条・国家戦略市街地再開発事業）
- 外国医師等が行う臨床修練等に係る医師法17条等の特例等に関する法

律の特例（24条の２・国家戦略特別区域臨床修練診療所確保事業）

- 中心市街地の活性化に関する法律の特例（24条の３・国家戦略中心市街地活性化事業）
- 都市再生特別措置法の特例（25条・国家戦略民間都市再生事業）
- 革新的な産業技術の有効性の実証に係る道路運送車両法等の特例（25条の２・国家戦略特別区域革新的技術実証事業）

＊「国家戦略特区制度で実現した主な規制改革や成果」

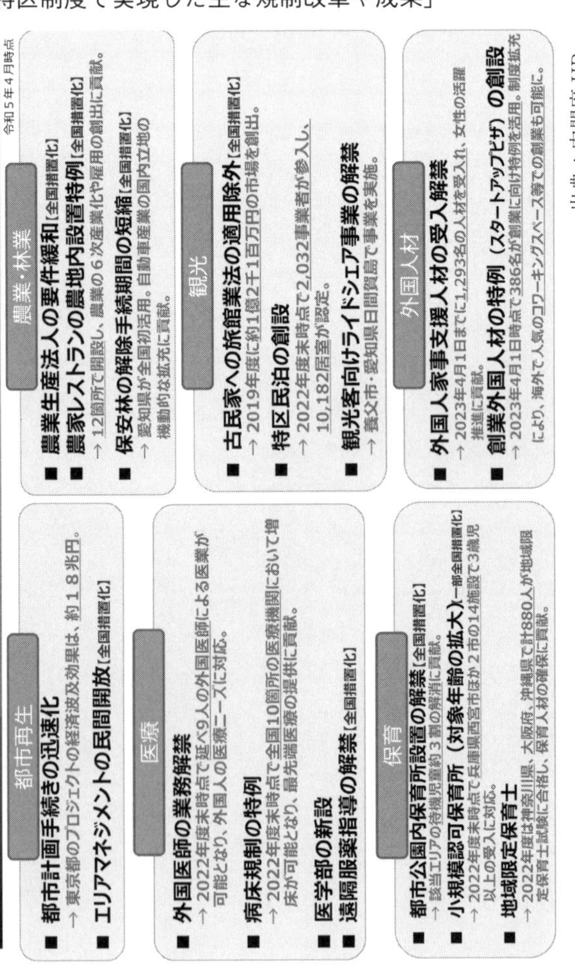

出典：内閣府 HP

13　被災市街地復興推進区域

大規模な災害により被害を受けた市街地の復興を推進するために定められる地域で，被災市街地復興特別措置法に基づいて市町村が指定する。

＊「我が国の地震防災に関する法律体系」

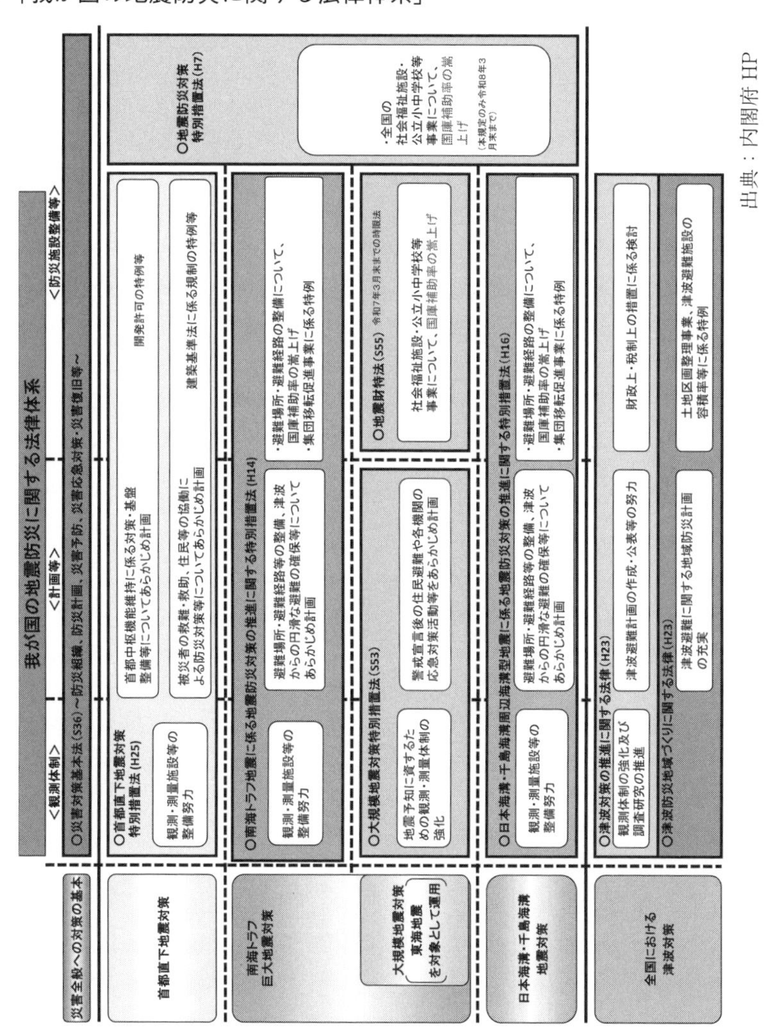

出典：内閣府 HP

13：1　大規模地震対策特別措置法（大震法・昭53法律73号）

本法は，大規模な地震による災害から国民の生命，身体及び財産を保護するため，地震防災対策強化地域の指定，地震観測体制の整備その他地震防災体制の整備に関する事項並びに地震防災応急対策その他地震防災に関する事項について特別の措置を定めることにより，地震防災対策の強化を図り，社会の秩序の維持と公共の福祉の確保に資することを目的として制定された。

平成29年9月に東海地震について，地震予知を前提とした情報の提供の取り止めが検討されていることが報道され，令和3年5月20日に本法律は改正された。

13：2　地震防災対策強化地域における地震対策緊急整備事業に係る国の財政上の特別措置に関する法律（地震財特法・昭55法律63号）

(1)　本法は，地震防災対策強化地域における地震防災対策の推進を図るため，地方公共団体等が実施する地震対策緊急整備事業に係る経費に対する国の負担又は補助の割合の特例その他国の財政上の特別措置について定める（1条）。

(2)　この計画は，令和元年度末で期限が切れたが，限られた期間内に緊急に整備すべき必要最小限の事業をもって策定されていることから，今後も実施すべき事業が数多く残されていた。

また，東日本大震災を初めとする近年の国内外における大地震により得られた教訓を踏まえ，県及び市町が一体となって緊急輸送道路・津波防災施設・山崩れ防止施設・避難地・避難路の整備，公共施設の耐震化等をより一層推進する必要が生じている。

(3)　そこで，東海地震による災害から地域住民の生命と財産の安全を確保するためには，地震対策緊急整備事業計画の充実と期間の延長を図り，これらの事業を迅速かつ的確に実施することにより，地震対策の一層の充実に努めていかなければならないということで，地震対策緊急整備事業計画の根拠となっている本法を延長することになった（令5法律34号）。

13：3 被災市街地復興特別措置法（被災市街地法・平7法律14号）

＊マン2：2：4，まち1：2：4・2：5，土画1：8

阪神・淡路大震災の被災地においては，地震の発生後，土地区画整理事業等のための緊急措置として，11：12建築基準法に基づき，4市1町14地区（約337ha）に対して，2か月の建築制限を実施した。しかし，広範囲にわたって甚大な被害を受けた市街地を一刻も早く復興するとともに，無秩序な建築等により安全上・環境上劣悪な市街地が再生されることを防止するためには，それまでの都市計画制度の枠組みの中での対応では限界があった。そこで，大規模な災害が発生した市街地の復興に関する基本的な制度として本法が施行された。

都市計画区域内の市街地が，大規模な火災・震災等を受けて相当数の建築物が滅失したような場合，都市計画に「被災市街地復興推進地域」を定めることができること及び災害の発生した日から2年以内を期限とする市街地の整備改善の方針（緊急復興方針）を定めること（5条），被災市街地復興推進地域内で，緊急復興方針に定められた日までに，土地の形質の変更又は建築物の新築・改築・増築等をする場合は，原則として都道府県知事の許可を受けなければならないこと（7条1項）等を定めている。

○被災市街地復興土地区画整理事業

被災市街地復興推進地域内の都市計画（12条2項）に定められた施行区域の土地区画整理事業については，6：4土地区画整理法及び本法11条から18条までに定めるところによる（10条）。

○復興共同住宅区

住宅不足の著しい被災市街地復興推進地域において施行される被災市街地復興土地区画整理の事業計画は，国土交通省令で定めるところにより，被災市街地復興推進地域の復興に必要な共同住宅の用に供すべき土地の区域（復興共同住宅区）を定めることができる（11条1項）。

復興共同住宅区は，土地の利用上共同住宅が集団的に建設されることが望ましい位置に定め，その面積は，共同住宅の用に供される見込みを考慮して，相当と認められる規模としなければならない（同条２項）。

○被災市街地復興特別措置法施行規則（平７建設省令２号）

13：4　被災区分所有建物の再建等に関する特別措置法（被災マンション法・平７法律 43 号）　＊マン２：６

⑴　本法は，阪神・淡路大震災の発生を受け，平成７年に政令で定める災害により区分所有建物が滅失した場合，多数決でその敷地に建物を再建できるとした。しかし，本法の想定する事態は，建物が全部滅失した場合だけであった。東日本大震災では，全部滅失に至ったマンションはなく，法律を適用する必要がなかったため，平成 25 年６月改正前の被災マンション法（以下「旧法」という。）の下では，東日本大震災は，政令で定められる災害とされなかった。

⑵　ところが，東日本大震災で多くのマンションが重大な被害を受け，深刻な事態が生じた。全部滅失に至っていないケースでは，災害時の特別な措置は設けられていないため，区分所有者が区分建物を取り壊したり，敷地とともに売却したりする場合には，民法の原則どおり，全員同意が必要であった（民法 251 条）。東日本大震災で大きな被害を受けたマンションについては，全員同意で取り壊した例はあったが，全員同意を得るというのは容易ではなく，多くのマンションで被害回復への対処に苦慮していた。

⑶　そこで，この事態に対処するため，平成 25 年６月に本法が改正された（同月 26 日施行。マン２：５：３）。

改正法では，建物の全部滅失の場合における敷地売却決議と，大規模一部滅失の場合における建物取壊し決議，建物・敷地売却決議などが定められた。全部滅失だけではなく，大規模一部滅失もその適用対象であることから，平成 25 年７月 31 日，東日本大震災を改正法の定める災害とする政令が，公布・施行された。

(4)　本法では，大規模な災害によりマンションが全部滅失した場合や，大規模一部滅失した場合に，区分所有者等の多数決でマンションの取壊し，再建，敷地売却等の決議を行うことが可能となっている（2章，3章）。一方，1：3：6マンションの建替え等の円滑化に関する法律（マンション建替法・平14法律78号）では，同法に基づく事業手続は，区分所有法に基づく建替決議を対象としており，被災区分所有法に基づく決議は対象としていない。被災マンションの円滑な再建等のため，事業手続を定めることの必要性が指摘されている。

13：5　地震防災対策特別措置法（平7法律111号・令5法律34号改正）

本法は，平成7年の阪神・淡路大震災を契機に，日本全国で発生し得る地震災害に備え，積極的に地震防災対策を進めるために制定された。

本法に基づき，全都道府県において，「地震防災緊急事業五箇年計画」を策定し，地震防災施設等の整備を推進し，現在は，令和3年度を初年度とする第6次五箇年計画により地震防災対策を推進している。

13：6　建築物の耐震改修の促進に関する法律（耐震改修法・平7法律123号，平成18年1月26日改正法施行，平成25年5月25日改正法施行）

(1)　本法は，平成7年1月に発生した阪神・淡路大震災に鑑み，建築物の地震に対する安全性を確保するため，建築物の耐震改修を促進することを目的として平成7年10月27日に施行された（マン2：3：3）。

(2)　多くの人が集まる学校，病院，百貨店など，一定の建築物（特定既存耐震不適格建築物）のうち，耐震規定に適合しないものの所有者は，耐震診断を行い，必要に応じて耐震改修を行うよう努めることを義務づけた（6条）。

　また，耐震診断や耐震改修を促進するため，11：12建築基準法の特例等を規定した。

(3)　平成17年の改正法（法律120号）により，国の基本方針の策定及び地方公共団体による耐震改修促進計画の策定，建築物の所有者等に対する指導の強化，耐震改修を促進するための建築基準法の特例について対象となる耐震改修工事の拡大，耐震改修支援センターによる耐震改修に係わる情報提供などを図った。

(4) 平成25年の改正法（法律20号）により，大規模な建築物等の耐震診断の義務づけや耐震化の円滑な促進のための取扱いとして，新たな認定制度を創設し，また，現行の耐震規定に適合していない全ての建築物の所有者は，耐震診断を行い，必要に応じて耐震改修を行うよう努めることを義務づけた（要耐震改修認定建築物）。

(5) 耐震診断が行われた区分所有建築物（14：16建物の区分所有等に関する法律２条２項の区分所有者が存する建築物）の管理者等は，所管行政庁に対し，当該区分所有建築物について耐震改修を行う必要がある旨の認定を申請することができる（25条1項）。

所管行政庁は，その申請があった場合において，申請に係る区分所有建築物が地震に対する安全上耐震関係規定に準ずるものとして国土交通大臣が定める基準に適合していないと認めるときは，その旨の認定をすることができる（同条２項）。

13：7　南海トラフ地震に係る地震防災対策の推進に関する特別措置法（平14法律92号）

(1) 本法は，「南海トラフ地震（注）」による災害から国民の生命，身体及び財産を保護するため制定された。著しい被害が生ずるおそれのある市町村が，南海トラフ地震防災対策推進地域（推進地域）に指定された（大阪府内は42市町村）。

(2) 推進地域内の13：12津波防災地域づくりに関する法律に基づき大阪府知事が設定する津波浸水想定区域のうち，水深30センチメートル以上の浸水が想定される区域（対象区域）において，大勢の人が出入りする施設や危険物を取り扱う施設などを対象に，津波からの円滑な避難の確保等について定めた対策計画又は地震防災規程を定めることを義務づけている。

(3) 令和元年5月31日に中央防災会議において南海トラフ地震防災対策推進基本計画が変更されたため，既に定められた場合も改定する必要がある。

（注） 南海トラフ地震とは（気象庁）

駿河湾から遠州灘，熊野灘，紀伊半島の南側の海域及び土佐湾を経て日向灘沖までのフィリピン海プレート及びユーラシアプレートが接する海底の溝状の地形を形成する区域を「南海トラフ」といいます。

この南海トラフ沿いのプレート境界では，①海側のプレート（フィリピン海プレート）が陸側のプレート（ユーラシアプレート）の下に1年あたり数cmの速度で沈み込んでいます。②その際，プレートの境界が強く固着して，陸側のプレートが地下に引きずり込まれ，ひずみが蓄積されます。③陸側のプレートが引きずり込みに耐えられなくなり，限界に達して跳ね上がることで発生する地震が「南海トラフ地震」です。①→②→③の状態が繰り返されるため，南海トラフ地震は繰り返し発生します。（中略）

南海トラフ地震は，概ね100～150年間隔で繰り返し発生しており，前回の南海トラフ地震（昭和東南海地震（1944年）及び昭和南海地震（1946年））が発生してから70年以上が経過した現在では，次の南海トラフ地震発生の切迫性が高まってきています。

13：8　日本海溝・千島海溝周辺海溝型地震に係る地震防災対策の推進に関する特別措置法（日本海溝・千島海溝地震防災対策特別措置法・平16法律27号）

本法は，「日本海溝・千島海溝周辺海溝型地震」による災害が甚大で，かつ，その被災地域が広範にわたるおそれがあることに鑑み，地震災害（2条2項）から国民の生命，身体及び財産を保護するため，防災対策推進地域の指定，防災対策推進基本計画等の作成，津波避難対策特別強化地域の指定，津波避難対策緊急事業計画の作成及びこれに基づく事業に係る財政上の特別の措置について定めるとともに，地震観測施設等の整備等について定めることにより，地震防災（2条3項）対策の推進を図ることを目的とする（1条）。

なお，「日本海溝・千島海溝周辺海溝型地震」とは，房総半島の東方沖から三陸海岸の東方沖を経て択捉島の東方沖までの日本海溝及び千島海溝並びにその周辺の地域における地殻の境界又はその内部を震源とする大規模な地震をいう（2条1項)。

13：9（15：5） 首都直下地震対策特別措置法（平25法律88号）

⑴ 本法は，首都直下地震が発生した場合，その災害から国民の生命，身体・財産を守るため，防災対策の推進を図ることを目的として，13：7南海トラフ巨大地震対策特別措置法とともに平成25年11月に成立した。

「首都直下地震」とは，東京圏（東京都，埼玉県，千葉県，神奈川県の区域と，茨城県の区域のうち政令で定める区域）及びその周辺における地殻の境界又はその内部を震源とする大規模な地震をいう（2条)。

⑵ 首都圏周辺の関東地方には，陸側のプレートの下に南からフィリピン海プレート，東から太平洋プレートが沈み込んでおり，どのような大地震が首都圏に大きな被害をもたらすか，地震像が絞りきれていないため，複数のモデル地震による被害想定に基づき防災対策を進めようとしている点が，他の地震対策特別措置法と異なる点である。

⑶ 最も大きな違いは，大地震発生時の首都圏の政治，行政，金融，経済などの中枢機能の維持を，地震防災対策の主な目標としていることである。そのため，大地震時の中枢機能の維持を図るための整備，維持が困難になった場合に中枢機能の全面的又は一部の機能の一時的な代替えを可能にするための整備，緊急輸送を支える港湾，空港などの機能の維持に関する整備が，施策の中心に据えられている。

⑷ 本法では，他の地震対策特別措置法と同様に，施策を実施する対象区域として，首都直下地震緊急対策区域が指定される（3条)。さらに，その中に首都中枢機能維持基盤整備等地区が指定され，電気・ガス・水道の供給体制や，情報通信システム，道路，公園，広場など避難に使われる公共施設の整備が，施策として盛り込まれている。

(5)　首都直下地震緊急対策区域で実施される施策は，他の地震対策特別措置法の緊急対策とほぼ同様である。次の施策などは，13：7南海トラフ地震に係る地震防災対策特の推進に関する特別措置法と同様である。

- 自治体への交付金など防災対策事業に関する国からの財政的支援の強化
- 地方債の起債など自治体の資金調達の条件に対する配慮
- 一部の事業は，国が自治体の代わりに実施

(6)　認定基盤整備等計画に係る特別の措置（第3節）は，次のとおりである。

a　開発許可の特例（16条）

関係地方公共団体は，基盤整備等計画に基盤整備事業に関する事項として都市計画法4条12項に規定する開発行為（同法29条1項各号に掲げるものを除き，同法32条1項の同意又は同条2項による協議を要する場合は，同意が得られ，又は協議が行われているものに限る。）に関する事項を記載しようとするときは，国土交通省令で定めるところにより，あらかじめ，同法29条1項の許可の権限を有する者に協議し，その同意を得ることができる。

前項による同意を得た事項が記載された基盤整備等計画につき公示（8条12項）があったときは，公示の日に当該事項に係る事業の実施主体に対するの許可（都市計画法29条1項）があったものとみなす。

b　土地区画整理事業の認可の特例（17条）

関係地方公共団体は，基盤整備等計画に基盤整備事業に関する事項として土地区画整理法による土地区画整理事業（55条1項から6項までの手続を行ったものに限る。）に関する事項を記載しようとするときは，国土交通省令で定めるところにより，あらかじめ，同法52条1項の認可の権限を有する者に協議し，その同意を得ることができる（1項）。

前項による同意を得た事項が記載された基盤整備等計画につき公示（8条12項）があったときは，公示の日に当該事項に係る事業の実施主体に対する土地区画整理法52条1項の認可があったものとみなす（2項）。

c　市街地再開発事業の認可の特例（18条）

関係地方公共団体は，基盤整備等計画に基盤整備事業に関する事項として都市再開発法による第一種市街地再開発事業（同法53条1項及び同条2項で準用する同法16条2項から5項までの手続を行ったもの並びに同法53条4項で準用する同法7条の12による協議を要する場合は，協議を行ったものに限る。）に関する事項を記載しようとするときは，国土交通省令で定めるところにより，あらかじめ，認可の権限を有する者（同法51条1項）に協議し，その同意を得ることができる（1項）。

前項による同意を得た事項が記載された基盤整備等計画につきの規定による公示（8条12項）があったときは，当該公示の日に当該事項に係る事業の実施主体に対する都市再開発法の認可（同法51条1項）があったものとみなす（2項）。

d　道路の占用の許可基準の特例（19条）

基盤整備等地区内の道路の道路管理者は，道路法（33条1項）の規定にかかわらず，認定基盤整備等計画に記載されたに規定する事項（8条3項）に係る施設等のための道路の占用で次に掲げる要件（1号～3号）のいずれにも該当するものについて，許可（32条1項又は3項）を与えることができる（1項）。

道路管理者は，特例道路占用区域（前項1号）を指定しようとするときは，あらかじめ当該特例道路占用区域を管轄する警察署長に協議しなければならない（2項）。

道路管理者は，特例道路占用区域を指定するときは，その旨並びに指定の区域及び施設等の種類を公示しなければならない（3項）。（4項及び5項省略）

e　都市再生特別措置法の適用（20条）（記載省略）

f　建築基準法の特例（32条）（記載省略）

13：10　津波対策の推進に関する法律（平23法律77号）

本法は，津波の被害から「国民の生命，身体及び財産を保護するため，津波対策を総合的かつ効果的に推進し，もって社会の秩序の維持と公共の福祉の確保に資すること」を目的とする（1条）。

なお，安政南海地震と稲むらの火の故事にちなんだ11月5日を津波防災の日と定めた。

13：11（15：7，21：5）　津波防災地域づくりに関する法律（平23法律123号）

本法は，東日本大震災により甚大な被害を受けた地域の振興に当たっては，将来を見据えた津波災害に強い地域づくりを推進する必要があるとともに，将来起こりうる津波災害の防止・軽減のため，全国で活用可能な一般的な制度を創設する必要から制定された。

津波による災害を防止し，又は軽減する効果が高く，将来にわたって安心して暮らすことのできる安全な地域の整備，利用及び保全（津波防災地域づくり）を総合的に推進することにより，津波による災害から国民の生命，身体及び財産の保護を図るため，国土交通大臣による基本指針の策定，市町村による推進計画の作成，推進計画区域における特別の措置及び一団地の津波防災拠点市街地形成施設の都市計画に関する事項について定めるとともに，津波防護施設の管理，津波災害警戒区域における警戒避難体制の整備並びに津波災害特別警戒区域における一定の開発行為及び建築物の建築等の制限に関する措置等について定め，もって公共の福祉の確保及び地域社会の健全な発展に寄与することを目的とする（1条）。

なお，土地区画整理事業の特例（12条～14条）及び津波避難施設の容積率等に係る特例（15条）などがある。

14　都市施設

(1)　都市の発展や秩序ある整備に必要な施設として，都市施設を定めることができる（都市計画法11条1項各号）。都市計画において定められた都市施設は，都市計画施設という（同法4条6項）。道路，公園，上下水道など都市での諸活動を支え，生活に必要な都市の骨組みを形作る施設で都市計画に定めることができるものである。

(2)　2：3都市計画法は，都市施設として，次の11種類の施設を定めている（11条1項）。

- 道路，都市高速鉄道，駐車場，自動車ターミナルその他の交通施設
- 公園，緑地，広場，墓園その他の公共空地
- 水道，電気供給施設，ガス供給施設，下水道，汚物処理場，ごみ焼却場その他の供給施設又は処理施設
- 河川，運河その他の水路
- 学校，図書館，研究施設その他の教育文化施設
- 病院，保育所その他の医療施設又は社会福祉施設
- 市場，と畜場又は火葬場
- 一団地（50戸以上）の住宅施設
- 一団地の官公庁施設
- 流通業務団地
- 電気通信事業用の施設その他（施行令5条）

(3)　都市計画として決定された都市施設（都市計画施設）の区域では，都市施設を実際に整備する事業が進行するので，その整備の事業の妨げになるような建物の建築は厳しく制限される。

(4)　都市計画法の改正内容については，2：3参照。

14：1（11：14）　市街地建築物法（大8法律37号・昭和25年法律201号廃止）

＊マン2：3：1

本法は，建築物の敷地，構造，設備，用途に関する最低の基準を定めて，国民の生命，健康及び財産の保護を図り，公共の福祉の増進に資することを目的とした法律で，昭和25年建築基準法の制定により，廃止された。

14：2　民間都市開発の推進に関する特別措置法（民間都市開発特措法・昭62法律62号）

(1)　民間都市開発推進機構（民都機構）は，民間事業者による都市開発事業を推進するための業務を行うための財団法人で，昭和62年10月に設立され，同月に本法に基づく業務を行う法人としての指定された。

(2)　主要業務は，民間事業者が行う一定の都市開発事業に参加すること及びその事業に要する長期で低利の資金を融資することである。また，都市再生事業に投資する法人やまちづくりのための団体に対する出資も業務としている（4条など）。

(3)　不動産登記法の特例

復興整備事業の実施主体は，不登法131条1項の規定にかかわらず，筆界特定の申請（同法123条2号）をすることができる。申請は，対象土地の所有権登記名義人等の承諾がある場合に限り，することができる。ただし，当該所有権登記名義人等のうちにその所在が判明しない者がある場合は，その者の承諾を得ることを要しない（同法36条）。

○同法による不動産登記に関する政令（昭50政令7号）〔平17政令24号で廃止〕

14：3（11：5） 流通業務市街地の整備に関する法律（市街地整備法・昭41法律110号）

流通業務市街地とは，流通業務施設（2条1項・トラックターミナル・鉄道の貨物駅・卸売市場・倉庫・流通業関連の事務所や店舗や一定の工場など）が1か所に集中された地区をいい，本法は，流通機能の向上と道路交通の円滑化を図るための法律である。

(1) 都心部に流通機能が集中するとトラックやトレーラーが集まるため，道路交通混雑を引き起こし，流通業務の低下につながる。そこで，流通業務施設を交通要衝地に適度に分散・再配置し，都市交通の緩和と流通機能の向上を図るとともに，地域開発の拠点となるよう一体的に整備するために本法が施行された。

(2) 流通機能の向上及び道路交通の円滑化を図る地区として，都市計画で流通業務地区を定め（4条），流通業務地区内では，流通業務施設以外の建設や改築，用途変更は，原則として禁止する（5条）。また，同地区内で，流通業務施設の敷地の造成・整備を行う事業である流通業務団地造成事業を都市計画事業として施行する（9条）。

(3) 流通業務団地の造成敷地には，一定期間内に流通業務施設を建築しなければならず，工事完了から10年間は，造成敷地又は敷地上の流通業務施設に関する権利設定及び移転等については，都道府県知事の承認が必要である。

(4) 流通業務地区内で流通業務施設等以外の施設を建設し，又は施設の改築や用途の変更により流通業務施設等以外の施設としようとするときは，原則として，都道府県知事の許可を受けなければならない（5条1項）。

(5) 流通業務団地造成事業に係る工事完了の公告の翌日から10年間は，造成敷地等又はその上に建設された流通業務施設や公益的施設に関する所有権，地上権等の権利の設定又は移転については，当事者は，原則として，都道府県知事の承認を受けなければならない（38条1項）。

○不動産登記法の特例

事業地内の土地及び建物の登記については，政令で不動産登記法の特例を定めることができ（47条），同法による不動産登記に関する政令（昭50政令7号）が制定されたが，廃止（平17政令24号）された。

14：4　官公庁施設の建設等に関する法律（官公法・昭26法律181号）

本法は，国家機関の建築物の位置，構造，営繕及び保全並びに一団地の官公庁施設等について規定して，その災害を防除し，公衆の利便と公務の能率増進とを図ることを目的とする（1条）。

(1)　国家機関の建築物については，この法律で定めるものの外，11：12建築基準法の定めるところによる（3条）。

(2)　国土交通省では，国家機関の建築物が適正に保全されるよう，保全に関する基準（告示）を定めるとともに，その告示に係る要領や運用，保全台帳や保全計画の様式等を定める（13条）。

(3)　国家機関の建築物は，各省各庁の長が適正に保全し（11条），建築物の敷地・構造，昇降機，建築設備について，定期的に一級建築士等の資格を有する者に損傷・腐食その他の劣化状況を点検させる（12条，建築基準法12条）。このほか，消防法や建築物における衛生的環境の確保に関する法律（建築物衛生法）などにより定期点検を実施する。

14：5　卸売市場法（昭46法律35号）

本法は，卸売業者が集荷した生鮮食品を仲卸業者が飲食店や小売店などに売る場合の取引を適正なものにし，生産や流通がスムーズに行われるために制定された。米騒動事件（大正7年）の対応策として（諸説あるようだが。）大正12年に制定された「中央卸売市場法」を基礎とする。本法は，過去3回改正され，食材流通の環境に合わせて規制が緩和されてきた。

(1)　1回目の平成11年には，せり取引の原則を廃止して，代わりに相対取引を導入し，卸売業者から商品を大量に仕入れる際は安く買うことも可能になり，価格を決めるポイントが「質」から「量」へと変化していった。

⑵　２回目改正の平成16年には「中央卸売市場の卸売手数料」「仲卸業者による直荷引き（産地などから卸売業者を通さず直接仕入れる）」「卸売業者による第三者（市場内の仲卸業者以外）への販売」を弾力化し，さらに「中央卸売市場から地方卸売市場への移行」も図った。「買付集荷を全面的に自由化」したことや「商物一致の規制緩和」も主な変更点である。

⑶　平成30年に３回目の改正が行われ，83ある条文が19に削減された。大きな改正は「第三者への販売禁止の廃止」「直荷引き禁止の廃止」「中央卸売市場を民間業者も開設可能になる」「商物一致の廃止」である。

14：6　と蓄場法（昭28法律114号）

本法は，明治39年，民営のと畜場の整理，改善を図るため，公営優先の制度を確立し，一定の衛生上の構造基準を設定するなどのため「屠場法」（明39法律32号）を制定した。しかし，その後，食肉の需要が急速に増大することとなり，従来のと畜場の施設能力では処理の適正を図ることが困難となったため，昭和28年に新法が制定され，公営優先の規定は削除された。

14：7　都市公園法（昭31法律79号）

⑴　本法は，都市公園の設置及び管理に関する基準等を定めて，都市公園の健全な発達を図り，公共の福祉の増進に資することを目的として制定された（１条）。

⑵　公園一体建物（22条１号）の所有者以外の者であって，その公園一体建物の敷地に関する所有権等の権利を有する者（敷地所有者等）は，その公園一体建物の所有者に対する当該権利の行使が立体都市公園を支持する公園一体建物としての効用を失わせることとなる場合は，当該権利の行使をすることができない（24条１項）。

⑶　都市公園を構成する土地物件については，私権を行使することができない。ただし，所有権を移転し，又は抵当権を設定し，若しくは移転するこ

とを妨げない（32条）。

14：8（11：10）　都市緑地法（昭48法律72号）

(1)　14：9首都圏近郊緑地保全法（首都圏保全法）や7：5近畿圏の保全区域の整備に関する法律に定める緑地保全制度は，首都圏及び近畿圏だけのものであったため，全国に拡大したのが旧都市緑地保全法である。都市緑地法は，旧都市緑地保全法を改称したもので，14：7都市公園法の上位法に当たる。

(2)　本法は，緑地の少ない都市部における緑地の保全や緑化の推進のための仕組みを定めたもので，緑地保全地域（5条）・特別緑地保全地区（12条）・緑化地域（34条）を指定する。また，緑地協定（45条）を定めることができる。

(3)　認定事業者が認定計画に従って首都圏近郊緑地保全区域内において施設（60条2項2号イ～ハ）を整備するため行う行為については，14：9首都圏保全法の規定（7条1項，2項）は，適用しない（66条）。

○都市緑地法の施策構成

- 緑地保全地域（都道府県）→緑地保全計画・一定行為の届出制・管理協定制度
- 特別緑地保全地区（市町村）→一定行為の許可制・管理協定制度
- 緑化地域→大規模建築物の緑化率規制（＋高度利用地区等内の市町村決定緑化率規制）
- 地区計画→緑地保全条例による行為の許可制・緑地率条例による建築制限

14：9　首都圏近郊緑地保全法（首都圏保全法・昭41法律101号）

(1)「近郊緑地」とは，近郊整備地帯内の緑地であって，樹林地，水辺地若しくはその状況がこれらに類する土地が，単独若しくは一体となって，又はこれらに隣接している土地が，これらと一体となって，良好な自然の環境を形成し，かつ，相当規模の広さを有しているものをいう（2条2項）。

⑵ 「近郊緑地保全区域」とは，首都圏の近郊整備地帯（2条1項）では本法により，近畿圏の保全区域内では7：5近畿圏の保全区域の整備に関する法律により，良好な緑地を保全するために，無秩序な市街化の防止，住民の健全な心身の保持・増進，公害や災害の防止，文化財や緑地や観光資源等の保全などを目的として，国土交通大臣によって指定された区域である（3条）。

⑶ 近郊緑地保全区域では，自然公園と同様に，土地の所有権に関係なく指定され，自然保護と土地利用の調和をはかるために，一定規模以上の建築物などの工作物の新・改・増築，土地形質の変更，鉱物・土石の採取，木竹の伐採などを行う場合には，該当する自治体の「都県知事」に，事前の届出が必要である（7条1項）。

⑷ 近郊緑地保全区域は，令和4年3月31日現在，25区域，約97,330ヘクタールであり，そのうち特別保全地区は，30地区，面積約3,754ヘクタールである（国土交通省）。

14：10　下水道法（昭33法律79号）

⑴ 本法は，流域別下水道整備総合計画の策定に関する事項並びに公共下水道，流域下水道及び都市下水路の設置，その他の管理の基準等を定めて，下水道の整備を図り，これによって都市の健全な発達及び公衆衛生の向上に寄与し，併せて公共用水域の水質の保全に資することを目的とする（1条）。

⑵ 18：12水質汚濁防止法（昭45法律138号）は，特定施設を設置する工場又は事業場から，河川や湖沼などの公共用水域へ出される排水を規制しているが，公共下水道等への排水については適用されない。

⑶ 事業場から公共下水道等に下水を流す場合の水質は，下水道法に基づいて規制され，特定施設を設置する工場又は事業場からの排水だけでなく，特定施設を設置していない事業場についても適用される。

なお，水質汚濁防止法と同様の基準を政令で下水排除基準として定めている。

14：11　運河法（大2法律16号）

運河用地は，「運河法第12条第1項第1号又は第2号に掲げる土地」（不動産登記事務取扱手続準則68条14号）で，運河とは，もっぱら水運に用いるために陸地を掘って人工的に作られた水路をいう。

運河か河川か区別のつかない場合もあるが，人工的に作られたのが運河で，自然にできたのが河川である。

*荒畑 俊治ほか「河川に関わる法律の体系化」（計画行政42巻3号）

14：12　道路法（昭27法律180号）

本法は，道路網の整備を図るため，路線の指定及び認定，管理，構造，保全，費用の負担区分等に関する事項を定めて，交通の発達に寄与し，公共の福祉を増進する（1条）。

道路の定義（2条）や道路占用，道路保全等に関する取り決めなど道路管理に関する事項及び道路に関する費用や公用負担に関する規定を定めている。

道路法上の道路ではない道路もある。農道，林道，私道などである。現況は，公衆の通行する道路（国有地）でありながら，道路法上の道路ではないものも多く，これらは「里道（りどう）」と呼ばれる。

なお，高速自動車道は，道路内の建築制限を除き，建築基準法上は「道路」とはみなされない。

14：13　鉄道事業法（昭61法律92号）

本法は，鉄道事業（2条）を営む者に関する基本的な事項を定めている。国鉄の分割・民営化のときに，民営鉄道を規律する地方鉄道法（大8法律52号）と旧国鉄の運営について定めた日本国有鉄道法（昭和23法律256号・昭61法律87号廃止）を一本化したものである。現在では，すべての鉄道事業者に適用される基本法としての役割を担っている。

14：14　軌道法（大10法律76号）

(1)　本法は，一般公衆（公共）の運輸事業を目的とする軌道を監督する法律である。軌道条例の不備を補完し，軌道法制確立のために制定された。

(2)　道路に敷設される軌道のうち，一般公衆用でないものについては，国土交通省の省令により定められる（1条2項）。元来は，主に路面電車を対象としてきたが，モノレールや新交通システム等にも適用例がある。

(3)　地下鉄は，原則的に鉄道事業法に準拠するが，Osaka Metro（旧・大阪市営地下鉄）は，建設者の大阪市が都市計画道路と一体的に整備する方針を採ったため，現在でも一部区間を除き，原則として，軌道法に準拠して運営されている。

(4)　昭和62年4月1日は，日本国有鉄道（国鉄）が民営・分割化され，JR旅客6社と貨物1社（そのほかに通信，研究所など）が発足した日であるが，この日はJRだけでなく，民鉄も含めた鉄道界全体にとって節目の日であった。

それまでは，同じ「鉄道」であっても，国鉄は日本国有鉄道法（昭23法律256号・昭61法律87号廃止），民鉄は地方鉄道法（大8法律52号・昭61法律92号廃止）と別々の根拠法に基づいて規制・監督を受けていた。

(5)　しかし，JR各社は「旅客鉄道株式会社及び日本貨物鉄道株式会社法（昭61法律88号）」という特別法に基づく特殊法人ではあるものの，形態の上では多くの民鉄と同様に株式会社になった。このため，国鉄改革と同時に昭和62年4月1日施行された鉄道事業法に基づいて，民鉄と同様の免許制に移行（平成12年3月からは許可制）することになり，JRと民鉄は，鉄道事業法という同じ土俵に乗ることになった。

○鉄道事業法と軌道法の違い

鉄道は，原則として，道路に敷設してはならない（鉄道事業法61条により，やむを得ず建設するときは国土交通大臣の許可が必要）のに対し，軌道は，特別の事由のない限り，道路に敷設するというのが原則（軌道法２条）である。

14：15（11：13）　駐車場法（昭32法律106号）

本法は，自動車を駐車するための施設の整備に関して必要な事項を定め，都市における道路交通の円滑化を図り，公衆の利便に資するとともに，都市の機能の維持及び推進に寄与することを目的としている（１条）。

特に路外駐車場（２条２号）は，公共性が高く，大規模なものについては，一般公共の用（不特定多数の者の直接の利用）に供する程度が高く，駐車場利用者の安全性と利便性並びに駐車場利用者の保護を図る必要性から，一定の要件を有する路外駐車場を設置する場合は，駐車場が所在する市区町村長への届出が必要となる（12条）。

14：16　建物の区分所有等に関する法律（昭37法律69号）

＊拙著：「マンション登記法第５版」（平30.３）

本法は，区分に所有権を目的とする建物及び区分所有者の権利義務を定義し，権利変動の過程・利害関係人を明確にする。また一棟の建物に構造上区分された数個の部分で独立して住居，店舗，事務所又は倉庫その他建物としての用途に供することができるものがあるときは，その各部分をそれぞれ所有権の目的とすることができると定め（１条），当該建物に関する区分所有者の団体（管理組合），敷地利用権，復旧及び建替え等について定める。

○都市施設として都市計画に定めることができるもの（都市計画法11条１項）

- 交通施設（道路，鉄道，駐車場など）
- 公共空地（公園，緑地など）
- 供給・処理施設（上水道，下水道，ごみ焼却場など）
- 水路（河川，運河など）
- 教育文化施設（学校，図書館，研究施設など）
- 医療・社会福祉施設（病院，保育所など）
- 市場，と畜場，火葬場

- 一団地の住宅施設（団地など）
- 一団地の官公庁施設
- 一団地の都市安全確保拠点施設
- 流通業務団地
- 一団地の津波防災拠点市街地形成施設
- 一団地の復興再生拠点市街地形成施設
- 一団地の復興拠点市街地形成施設
- その他政令で定める施設

15　災害復興

災害復興とは，被災者の生活を災害前に戻し，経済や地域をより良い状態に創り直すことをいう。「復旧」とは，建物や道路など，形あるものを元に戻すことである。

＊内閣府（防災担当）「復旧・復興ハンドブック」（令３.３）

15：1　大規模災害からの復興に関する法律（大規模災害復興法・平25法律55号，平25.8.20民二364号）

本法は，東日本大震災の経験を踏まえて，平成25年６月21日に公布・施行された。ただし，規定の一部は，同年８月30日に施行された。

(1)「特定大規模災害」（緊急災害対策本部が設置された災害・災害対策基本法第28条の２第１項）が発生した際には，内閣総理大臣を本部長とする「復興対策本部」を置くことができる（４条）とし，政府に国と地方公共団体とが適切な役割分担の下に地域住民の意向を尊重しつつ協同して，災害を受けた地域における生活の再建及び経済の復興を図るとともに，災害に対して将来にわたって安全な地域づくりを円滑かつ迅速に推進する（３条）ことを基本理念とした「復興基本方針」の策定を義務づけた（８条）。

(2) 復興対策本部が定めた復興計画を国が実行するためには，２：３都市計画法，６：５土地改良法，８：５森林法等の規定する「特別の措置」を行使することができるとするほか，被災市町村が実施すべき災害復旧事業を被災自治体の要請に基づき，国が代行できる措置などを定めた。

(3) 都市計画上の特例と災害復旧事業の権限代行措置については，特定大規模災害その他著しく異常かつ激甚な非常災害として政令で指定する災害（２条９号）にこれらの措置を適用できることとした。

○不動産登記法の特例（36条）

「復興整備事業」の実施主体は，不動産登記法131条１項の規定にかかわらず，筆界特定登記官に対し，一筆の土地（復興整備事業の実施区域として定められた土地の区域内にその全部又は一部が所在する土地に限る。）とこれに隣接する他の土地との筆界（123条1号）について，筆界特定の申請（同条2号）をすることができる（1項）。

この申請は，対象土地（不登法123条3号）の所有権登記名義人等（同条5号）の承諾がある場合に限り，することができる。ただし，当該所有権登記名義人等のうちにその所在が判明しない者がある場合は，その者の承諾を得ることを要しない（2項）。

○2：3都市計画法の特例（42条1項）

国土交通大臣は，被災都道府県知事から要請があり，かつ，都市計画に係る事務の実施体制その他の地域の実情を勘案して必要があると認めるときは，事務の遂行に支障のない範囲内で，自ら当該被災都道府県の区域の円滑かつ迅速な復興を図るために必要な都市計画の決定又は変更のため必要な措置をとることができる。

○同法の施行に伴う不動産登記事務の取扱いについて（平25．9．13民二384号民事局長通達）

○大規模災害からの復興に関する法律等の施行に伴う筆界特定の手続に関する事務の取扱いについて（平25．8．20民二364号民事局長通達）

15：2　東日本大震災復興特別区域法（平23法律122号）

本法は，大震災及び原発事故による未曾有の災害に対して，復興を支援するために「復興特別区域」を認定し，その区域における円滑で迅速な推進を目指している（1条）。支援その他の施策に関する基本方針，復興推進計画の認定に関する基本事項，復興特別区域における特別措置なども定めている。

これにより復興を行うべき区域に限定して，規制や手続，財政，金融，税制上の特別措置において既存の枠組みなどにとらわれずに復興の促進を促すことを目的とする。

○復興特別区域（2条2項）

東日本大震災で一定の被害が生じ，復興に際して復興推進計画や復興整備計画などを作成できる地方公共団体が認定される区域である。認定された区域に対し，医療や産業，住宅分野などでの規制などの特例や産業再生を支援する税や財政，金融上の特例などをワンストップで適用する。

復興に関する方向性は，その地域の特性や中核となる産業など様々であるため，それぞれの状況や特性に合わせて作成されたオーダーメイドメニューに基づいて，地域限定で特例措置を実施する。そして復興を加速する仕組みを構築することを目的としている。

これにより，特区制度を活用することで地域の創意工夫に基づく復興を強力に支援する。

復興特別区域の対象となる地域は，227市町村ある。

○復興特別区域の種類

復興特別区域は，８つの種類分けがされている。

(1)　復興まちづくり推進

安全・安心な街の実現や住居・都市施設などの迅速な復興を実現し，二度と津波被害による人的被害を出さない街づくりを目指す。

(2)　民間投資促進

被災した企業の早期の事業再開及びものづくり産業の更なる集積，そして低炭素型産業の東北への集積を目指す。

(3)　水産業復興

壊滅的な被害を受けた水産業の早期復興だけでなく，生産や加工，販売の一体化などの実施による競争力のある水産業の構築を目指す。

(4)　農業・農村モデル創出

甚大な被害を受けた農業の早期復興と農村モデルの創出に伴う収益性の高い農業の実現を目指す。

(5)　交流ネットワーク復興・強化

交通インフラを迅速に復旧させるとともに，災害に強いネットワーク機能の強化や防災機能の強化を目指す。

(6)　クリーンエネルギー活用促進

原発などの問題を受け，復興にあたりクリーンエネルギーの積極的導入や環境配慮型の経済発展が両立した先進的地域の実現を目指す。

(7) 医療・福祉復興

津波による壊滅的被害を受けた沿岸部での医療や福祉サービスの確保及び先進的な地域包括医療体制の構築を目指す。

(8) 教育復興

沿岸部の教育環境の速やかな復興，防災拠点としての地域コミュニティを学校に付与する，精神的・経済的な被害を受けた児童生徒に対する万全のケア，地域の復興や未来を支える人材育成，学業継続の支援，被害を受けた貴重な文化財の修復及び保全を目指す。

（出典：復興庁公式サイト）

○不動産登記法の特例（73条）

「復興整備事業」の実施主体は，不動産登記法の規定（131条1項）にかかわらず，筆界特定登記官に対し，一筆の土地とこれに隣接する他の土地との筆界について，筆界特定の申請をすることができる。この申請は，対象土地の所有権登記名義人等の承諾がある場合に限り，することができる。ただし，当該所有権登記名義人等のうちにその所在が判明しない者がある場合は，その者の承諾を得ることを要しない。

○民法の特例（73条の5）

復興整備事業の損失補償額の払渡しについての民法（494条2項ただし書）の適用については，同項ただし書中「過失」とあるのは，「重大な過失」とする。

＊東日本大震災復興特別区域法等の施行に伴う筆界特定手続に関する事務の取扱いについて（平23民二3128号依命通知）

＊東日本大震災復興特別区域法に基づく計画に係る農地等の不動産登記の申請書類について（平24民二28号（民二27号）依命通知（回答））

15：3　東日本大震災により甚大な被害を受けた市街地における建築制限の特例に関する法律（平23法律34号）

平成23年3月11日に発生した東北地方太平洋沖地震により市街地が甚大な被害を受けた場合，特定行政庁（建築基準法2条35号）は，都市計画等のため必要があり，かつ，市街地の健全な復興のためやむを得ないと認めるときは，11：12建築基準法84条（被災市街地における建築制限）にかかわらず，13：3被災市街地復興特別措置法5条1項各号に掲げる要件に該当する区域を指定して，同年9月11日までの間，期間を限り，建築制限又は禁止を行うことができることとする（1条1項）。また，特定行政庁は，特に必要があると認めるときは，更に2か月を超えない範囲内において期間を延長することができる（同条3項）。

○被災市街地復興推進地域に関する都市計画（5条1項）

2：3都市計画法5条により指定された都市計画区域内における市街地の土地の区域で要件（1号～3号）に該当するものについては，都市計画に被災市街地復興推進地域を定めることができる。

○不動産登記法の特例（73条・筆界特定の申請）

復興整備事業の実施主体は，筆界特定登記官に対し，一筆の土地（復興整備事業の実施区域として定められた土地の区域内にその全部又は一部が所在する土地に限る。）とこれに隣接する他の土地との筆界について，筆界特定の申請（123条2号）をすることができる。この申請は，対象土地の所有権登記名義人等の承諾がある場合に限り，することができる。ただし，当該所有権登記名義人等のうちにその所在が判明しない者がいる場合，その者の承諾を得ることを要しない。

○民法の特例（73条の5・損失補償額の払渡しについての「重大な過失」）

復興整備事業についての損失補償額の払渡しについての民法（494条2項ただし書）の規定の適用については，同項ただし書中「過失」とあるのは，「重大な過失」とする。

15：4　大規模な災害の被災地における借地借家に関する特別措置法（被災借地借家法・平 25 法律 61 号，平 29 法律 45・令２．４．１施行）

＊マン２：２：５

本法が適用されるのは，「借地権者の保護その他の借地借家に関する配慮をすることが特に必要と認められる大規模な火災・震災・その他の災害」（特定大規模災害）が発生した場合であって，政令により，

a　当該災害を特定大規模災害とすること

b　被災借地借家法の規定のうち当該災害に対し適用すべき規定の範囲

c　当該規定を適用する地区の範囲が指定された場合

に限定される。

そのため，大規模災害で一定の被害を受けた地域であっても，政令による指定がない場合には，本法は適用されない。

○被災借地借家法の施行に伴う不動産登記事務の取扱いについて（平 25 民二 384 号）

【要旨】被災借地借家法及び同法の施行に伴う関係政令の整備に関する政令が平成 25 年９月 25 日から施行された。

(1)　借地権設定者が賃借権の譲渡又は転貸を承諾しないときは，裁判所は，借地権者の申立て（特定大規模災害を指定する政令の施行の日から起算して１年以内に限る（５条３項）。）により，借地権設定者の承諾に代わる許可を与えることができ（５条１項，４項），賃借物の転貸の登記又は借地権の移転の登記を申請する場合は，裁判所の承諾に代わる許可があったことを証する情報を提供する（不登法 81 条３項，不登令７条１項６号）。

(2)　２年を経過する日までの間に，特定大規模災害の指定地区の土地に借地権を設定する場合は，契約の更新及び建物の築造による存続期間の延長がないこととする旨を定めることができ（７条１項），この定めがある地上権又は賃借権の設定の登記の申請をする場合には，確定判決の判決書の正本を提供したときを除き，申請情報と併せて契約書面を提供する（不登法 61

条，不登令7条1項5号ロ本文，同項6号，別表33添付情報欄ハ，38添付情報欄ヘ)。

なお，7条1項の定めは，登記事項とされ（不登法78条3号，81条8号），「大規模な災害の被災地における借地借家に関する特別措置法第7条第1項の特約」と記録する。

○罹災都市借地借家臨時処理法（昭21法律13号）ほか10法律を廃止する（附則2条1号～11号）

15：5（13：9） 首都直下地震対策特別措置法（平25法律88号）

(1) 本法は，首都直下地震が発生した場合に首都中枢機能の維持を図るとともに，首都直下地震による災害から国民の生命，身体及び財産を保護することを目的として制定された（1条)。平成26年3月には，同法に基づく緊急対策区域・首都中枢機能維持基盤整備等地区が指定され，前者には東京都の全区市町村が，後者には東京都千代田区，中央区，港区及び新宿区が含まれている。

(2) 平成28年の熊本地震，平成30年の大阪府北部を震源とする地震や北海道胆振東部地震など，相次ぐ大地震の発生により，避難所等の防災拠点となる施設の耐震化，円滑な物資輸送及び罹災証明書の発行など，防災対策の実効性を高める上での課題が改めて明らかになってきた。首都直下地震に関しても，これらの課題解決に向けた具体的な取組みが求められている。

(3) 本法には，次の特例が定められている。

- 開発許可の特例（16条）

　関係地方公共団体は，基盤整備等計画に基盤整備事業に関する事項として開発行為（都市計画法4条12項）に関する事項を記載しようとするときは，許可の権限を有する者（同法29条1項）に協議し，その同意を得ることができる。

- 土地区画整理事業の認可の特例（17条）

　関係地方公共団体は，基盤整備等計画に基盤整備事業に関する事項として土地区画整理事業に関する事項を記載しようとするときは，認可の権限を有する者（土地区画整理法52条1項）に協議し，その同意を得ることができる。

- 市街地再開発事業の認可の特例（18条）

関係地方公共団体は，基盤整備等計画に基盤整備事業に関する事項として都市再開発法による第一種市街地再開発事業に関する事項を記載しようとするときは，認可の権限を有する者（都市再開発法51条1項）に協議し，その同意を得ることができる。

- 道路の占用の許可基準の特例（19条）

基盤整備等地区内の道路の道路管理者は，認定基盤整備等計画に記載された施設等のための道路の占用（道路法32条1項）で要件に該当するものについての許可（道路法32条1項又は3項）を与えることができる。

- 都市再生特別措置法の適用（20条）

認定基盤整備等計画（8条2項2号に掲げる事項について記載された部分に限る。）については，都市再生特別措置法19条の15第1項に規定する都市再生安全確保計画とみなして，同法19条の17から19条の20までの規定を適用する。

15：6（1:3:8）　福島復興再生特別措置法（平24法律25号）

(1)　本法は，福島第一原発事故で大きな被害を受けた福島県の復興・再生を進めるために，国が基本方針を策定し，地域や産業の復興と再生に関する施策を継続的に実施することを定めた。原子力政策を推進してきた国の責任を明記し，さまざまな課税・規制の特例を設け，港湾や道路などの公共施設の工事や放射線に汚染された土壌の除染などは国が行うとしている。

(2)　農用地利用集積等促進計画の公告（17条の26）があった農用地利用集積等促進計画に係る土地の登記については，政令で，不動産登記法の特例を定めることができる（17条の29）。

○不動産登記令第4条の特例等を定める省令

第9章　福島復興再生特別措置法による不動産登記の特例

- 一の嘱託情報によってすることができる代位登記（21条）
- 申請人以外の者に対する通知に関する規定の適用除外（22条）
- 一の嘱託情報によってすることができる所有権の移転登記（23条）

○福島復興再生特別措置法による不動産登記に関する政令（令３年政令第６号）

- 代位登記（２条）代位登記の登記識別情報（３条）
- 既登記の所有権の移転登記の嘱託（４条）
- 未登記の所有権が移転した場合の登記の嘱託（５条）添付情報（６条）登記識別情報の通知（７条）

○福島復興再生特別措置法による不動産登記に関する政令の取扱いについて（令３．３．31民二670号）

【要旨】福島復興再生特別措置法による不動産登記に関する政令（令和３年政令６号）が令和３年４月１日付で施行されることに伴う，登記の嘱託に係る標準的な取扱いに関する依命通知。

○福島復興再生特別措置法による不動産登記の特例についての取扱要領（法務省民二669号令和３年３月31日民事局長回答）

15：7（13：11，21：5）津波防災地域づくりに関する法律（平23法律123号）

⑴　本法は，東日本大震災の津波による被災をきっかけに，津波災害の防止と将来にわたって安心して暮らすことのできる安全な地域の整備を目的に制定された（１条）。

⑵　東日本大震災により甚大な津波の被害を受けたことから，復興に当たっては，将来を見据えた津波災害に強い地域づくりを推進する必要があり，また，将来起こりうる津波災害の防止・軽減のため，全国で適用できる一般的な制度を創設する必要があったことが背景にある。

⑶　津波防災地域の整備は，国土交通大臣による基本指針の策定及び都道府県知事による津波浸水想定を踏まえて，市町村が地域づくりの推進計画を

作成する。推進計画に基づき推進計画区域を指定し（12条），区域内でさまざまな特別措置を行う。

○推進計画区域における特別の措置

(1)　土地区画整理事業に関する特例（12条～14条）

a　津波防災住宅等建設区の定め（12条）

b　同区への換地の申出等（13条）

c　同区への換地（14条）

(2)　津波からの避難に資する建築物の容積率の特例（15条）

推進計画区域の一定の基準に適合する建築物については，容積率の算定の基礎となる延べ面積に算入しない。

(3)　一団地の津波防災拠点市街地形成施設に関する都市計画（17条）

一定の条件に該当する区域については，都市計画に一団地の津波防災拠点市街地形成施設を定めることができる。

15：8　罹災都市借地借家臨時処理法（罹災都市法・昭21法律13号・平25.9.25廃止）

＊まち1：2：5，マン2：2：2，3

本法は，借りていた建物が天災で倒壊や焼失した場合，再築した建物を借家人が優先的に借りたり，建物が借地上にあった場合は復興時に優先的に借地権が与えられることなどを規定していた。対象地域は，個別事象が発生した際の政令によって定められる。

法律制定当初は，空襲などの戦争被害による罹災に対して適用することを目的としていたが，15：4大規模な災害の被災地における借地借家に関する特別措置法の施行により，廃止された。

16　市街地開発事業

市街地開発事業とは，市街化区域あるいは非線引都市計画区域内の開発及び住宅を整備するための宅地造成を行う都市計画事業をいう。地方公共団体などが，一定の地域に総合的な計画に基づいて公共施設や宅地など建築物の整備を一定的に行い，その全域の開発を構想することを目的としている。

市街地開発事業は，2：3都市計画法12条に定める次の7事業をいう。ただし，新都市基盤整備事業の実施例はないようである。

- 土地区画整理事業（6：4土地区画整理法）
- 新住宅市街地開発事業（1：3：2新住宅市街地開発法）
- 工業団地造成事業（16：3首都圏の近郊整備地帯及び都市開発区域の整備に関する法律，16：1近畿圏の近郊整備区域及び都市開発区域の整備及び開発に関する法律）
- 市街地再開発事業（1：3：4都市再開発法）
- 新都市基盤整備事業（16：4新都市基盤整備法）
- 住宅街区整備事業（9：3大都市地域における住宅及び住宅地の供給の促進に関する特別措置法）
- 防災街区整備事業（11：2密集市街地における防災街区の整備の促進に関する法律）

16：1（7：4）　近畿圏の近郊整備区域及び都市開発区域の整備及び開発に関する法律（近畿圏近郊整備法・昭39法律145号）

本法は，市街地開発事業のうち工業団地造成事業に関係する法律で，近畿圏の近郊整備地帯に計画的に市街地を整備し，都市開発区域を工業都市，住居都市その他の都市として発展させることを目的とする（1条）。7：4参照。

○不動産登記法の特例（42条）

工業団地造成事業を施行すべき土地の区域内の土地及び建物の登記については，政令で不動産登記法の特例を定めることができる。

○同法による不動産登記に関する政令（昭47政令376号・平成17政令24号廃止）

16：2（7：5）　近畿圏の保全区域の整備に関する法律（昭42法律103号）

本法は，近畿圏整備法の一部で，近畿圏の市街地の近郊（近郊整備地帯）に存在する事前環境を保全することを目的として定められた。7：5参照。

16：3（7：2）　首都圏の近郊整備地帯及び都市開発区域の整備に関する法律（首都圏近郊整備法・昭33法律98号）

本法は，首都圏の近郊整備地帯に計画的に市街地を整備し，都市開発区域を工業都市，住居都市その他の都市として発展させることを目的として定められた（1条）。7：2参照。

○不動産登記法の特例（30条の2）

工業団地造成事業を施行すべき土地の区域内の土地及び建物の登記については，政令で不動産登記法の特例を定めることができる。

○同法による不動産登記に関する政令（昭41政令20号・平17政令24号廃止）

16：4　新都市基盤整備法（昭47法律86号）

＊まち1：2：3

本法は，高度成長による人口の都市集中に伴い増大した大都市の周辺に，住宅地だけでなく，官公庁・医療・教育・商業施設を含めた新都市を建設することを目的としている（1条）。

(1)　新都市基盤整備事業は，新市街地の開発に際して，基盤となる道路などの基幹施設や開発の核となる開発誘導区の整備を行う。開発誘導区とは，住宅・官公庁・医療・教育及び商業施設を建設する開発の中核地区である（2条6項）。1ヘクタール当たり100人から300人を基準として5万人以上が居住できる規模の区域において，都市計画事業として施行する。

(2)　事業は，地方公共団体が主体となって進めるが，事業区域内の中心となる開発誘導区にあたる土地を買収して整備し，残りの周辺の土地は，区画整理の手法（換地方式）により市街地整備を行う。

(3)　大都市の周辺に住宅地，いわゆるニュータウンをつくる新住宅市街地開発事業の拡大版の事業であるが，今までに実施された例はないようである。また，新都市基盤整備事業は，土地の買収と土地区画整理の手法を組み合わせている点が新住宅市街地開発事業と異なる。

(4)　本法は，新住宅市街地開発法から約10年遅れて1972（昭和47）年に制定されたが，実際に計画・施行された事例はないようである。

○2：3都市計画法の特則，6：4土地区画整理法の特則・準用，不動産登記法の特例

○施行区域内の土地及び建物の登記については，不動産登記法の特例を定めることができる（65条）が，定められていない。

16：5　宅地造成及び特定盛土等規制法（宅地造成等規制法・昭36法律191号，令4法律55号抜本的改正・盛土規制法）

(1)　令和3（2021）年7月3日，静岡県熱海市伊豆山で，盛土の崩落による大規模な土石流が発生した。死者・行方不明者28人，損壊家屋136棟に及ぶ土砂災害である。また，盛土の崩壊は，不適切な造成工事が原因であった。

(2)　従来，土地の開発は，宅地造成等規制法のほか，8：5森林法，1：3：1農地法などによって規制されていたが，宅地，森林，農地のいずれにも該当しない盛土の造成工事は，法規制の対象外であった。熱海の事案では盛土の所在地は，法規制の対象地になっていなかった。

(3)　また，宅地造成等規制法によれば，規制区域外の土地には宅地造成工事の規制はなく，規制区域内の土地に対する規制をする場合にも，規制する行為は，宅地を造成する場合の土地の形質の変更であって，単なる土捨てや一時的堆積は対象外であった。土地の造成や開発については，区域と対

象となる行為のいずれからみても，大きな規制のスキマがあると指摘されていた。

(4) そこで制定されたのが，本法である。宅地造成等規制法（旧宅造法）を抜本的に見直して，法律の名称を「宅地造成及び特定盛土等規制法」（盛土規制法）に変更し，全国一律の基準で盛土等を規制する法律に改めたのである。

(5) 宅地，森林，農地等の土地の用途を問わず，危険な宅地造成・盛土等・土石の堆積を全国一律の基準で包括的に規制することを定めている。

本法は，国土交通省と農林水産省による共管法である。

○盛土規制法の規制内容

盛土規制法は，区域と対象の両方の観点から，スキマのない規制を行うことを目的とする。

(1) 規制区域

知事等は，盛土などにより人家に被害を及ぼす可能性がある区域を規制区域として指定する。規制区域には，宅地造成等工事規制区域（宅造区域）と，特定盛土等規制区域（特盛区域）の２種類がある。

宅造区域は，宅地造成を行うにあたって危険が伴う宅地造成工事規制区域（旧宅造法で指定されていた区域）に加えて，宅地造成以外の盛土等に危険を伴う森林や農地，平地部の土地も含め，広く指定される（10条1項）。特盛区域については，市街地や集落から離れていても地形などの条件から盛土等が崩落して流れ込んだ場合に，人家に被害を及ぼし得るエリア（渓流の上流域の斜面地など）が指定される（26条1項）。

(2) 規制対象となる行為

規制対象となる行為は，宅地造成工事に限定されない。土地（森林・農地を含む。）を造成するための盛土・切土にまで広げられ，さらに土地の形質の変更に当たらない単なる土捨てや一時的堆積も規制される。

宅造区域や特盛区域で規制対象の行為を行うためには，知事等の許可（12条1項）又は届出（27条1項）が必要となる。許可された盛土等については，所在地が公表され（12条4項，27条2項），現地に標識（看板）を掲げることが義務づけられる（49条）。

16：6（1:3:2）新住宅市街地開発法（昭38法律134号）

＊まち1:2:1，5：1

(1) 本法は，人口集中の著しい市街地の周辺の地域において，健全な住宅市街地の開発及び住宅に困窮する国民のための居住環境の良好な住宅地を大量に供給することを目的とし（1条），新住宅市街地開発事業（2条1項）について定めている。

(2) 新住宅市街地開発事業の特徴は，地域全体の都市基盤整備を前提にして，住宅だけでなく，道路・公園・学校・病院・ショッピングセンター・事業所など，生活する上で全てそろった複合都市機能を持つ本格的なニュータウンづくりといえる。

(3) 開発に当たっては，事業区域の土地を全面的に買収し，マスタープラン（計画）に基づいて宅地や公園用地・道路などを造成し，その後，公募を原則として住宅の需要者に売却するという方法をとる。事業の施工者は，都道府県・政令市・住宅供給公社・都市再生機構（UR都市機構）のいずれかである。

(4) 制限の内容は，開発施行者が売却する際に，原則として，譲受人（購入希望者）を公募すべきこと（23条），譲受人に住宅の5年以内の建築義務を課すこと（31条），義務違反等の場合の買戻特約を付すこと（33条）などとされている。また，購入した土地・建物を10年以内に売却する場合には，都道府県知事の承認を受けなければならない（32条）。

(5) 事業地内の土地及び建物の登記については，政令で不動産登記法の特例を定めることができる（49条）とし，同法等による不動産登記に関する政令（昭40政令330号）を定めている（2章・まち5：2）。

○新住宅市街地開発事業と土地区画整理事業の違い

新住宅市街地開発事業は，都市計画決定された区域内の土地を全面買収し，道路や公園などの公共施設を整備し，造成した宅地に実際に住宅を建設するか，又は土地のままで販売し，用地費や工事費に充てる。

土地区画整理事業は，地権者が公平な負担に基づいて土地を出し合い，その土地を道路や公園などの公共施設用地として活用するとともに，一部を保留地として確保しそれを売却して工事費に充てるといった違いがある。

○同法等による不動産登記に関する政令（昭40政令330号）＊まち5：2

(1)　この政令は，次の各法律による不動産登記法の特例を定める。

- 新住宅市街地開発法49条
- 16：3首都圏の近郊整備地帯及び都市開発区域の整備に関する法律30条の2
- 16：1近畿圏の近郊整備区域及び都市開発区域の整備及び開発に関する法律42条
- 11：5流通業務市街地の整備に関する法律47条

(2)　新住宅市街地開発法49条による特例の規定は，次のとおり。

- 代位登記（2条，3条）
- 土地の表題部の登記の抹消（4条，5条）
- 造成宅地等の表題登記（6条，7条）
- 同時嘱託（8条）
- 譲渡不動産の所有権登記（9条）
- 流通業務市街地の整備に関する法律による不動産登記の特例（13条）

○昭41.3.26民事甲992号民事局長通達

○新住宅市街地開発法の運用について（平17.3.31国土政272号　国土交通省土地・水資源局長）

16：7　公共用地の取得に関する特別措置法（昭36法律150）

(1)　憲法29条3項は，私有財産を正当な補償の下に公共事業のために収用することができる旨を定めて，土地収用制度に憲法上の根拠を与えている。現在，土地収用に関する一般法としては，18：6土地収用法があるが，これを補充する関係法令として，本法がある。

(2)　本法は，1964年東京オリンピック関連施設建設のため，18：6土地収用法よりも迅速な公共事業用地取得を可能にすることを目的として制定された。

(3)　公共の利害に特に重大な関係があり，かつ緊急に施行することを要する特定公共事業に必要な土地等の取得に関し，土地収用法の特例等について規定し（39条），これらの事業の円滑な遂行と土地等の取得に伴う損失の適正な補償の確保を図ることを目的としている（1条）。

(4)　土地収用法による事業の認定を受けている事業及び都市計画事業に係る特定公共事業の認定については，同法4条2項4号から6号まで及び3項，8条並びに12条1項及び2項の規定は，適用しない（8条）。

(5)　特定公共事業の用に供する土地の収用又は使用については，特定公共事業の認定又は告示があったときは，それぞれ，国土交通大臣の事業の認定又はその告示があったものとみなす。これにより，あったものとみなされた事業の認定が，その効力を失ったときは，特定公共事業の認定も，将来に向かって，その効力を失う。特定公共事業については，土地収用法第3章2節の規定は，適用しない（12条）。

(6)　土地収用法による事業の認定を受けている事業及び都市計画事業については，4条2項4号から6号まで及び3項，8条並びに12条1項及び2項の規定は，適用しない（39条）。

17　地区計画等

地区計画等（都市計画法４条９項・12条の４第１項各号）は，特定の地区の特性を反映した市街地等を形成するための計画で，都市計画において決定されたものをいう。次の５種類の計画がある。(注)

⑴　地区計画

⑵　防災街区整備地区計画（11：２，17：５密集市街地整備法32条）10都市

⑶　歴史的風致維持向上地区計画（11：８地域における歴史的風致の維持及び向上に関する法律31条）２都市

⑷　沿道地区計画（１：４：２幹線道路の沿道の整備に関する法律９条）４都市

⑸　集落地区計画（17：１集落地域整備法５条）15都市

(注)　都市数は，2021年３月31日現在（大橋124による）

17：1　集落地域整備法（昭62法律63号）

⑴　本法は，土地利用の状況等からみて良好な営農条件及び居住環境の確保を図ることが必要であると認められる「集落地域（３条）」について，農業の生産条件と都市環境との調和のとれた地域の整備を計画的に推進するため，集落地域整備基本方針の策定，集落地区計画及び集落農業振興地域整備計画の策定等の措置を講ずるもので（１条），都市化の波が押し寄せて，農家と一般住宅が混在する都市近郊の農村集落について，調和のとれた地域整備を行うために制定された。

⑵　都市計画区域内（市街化区域を除く。）にあり，かつ，農業振興地域内にある等の「集落地域」について，営農条件と調和のとれた良好な住環境の確保を図るため，その地域の特性にふさわしい整備及び保全が必要と認められるものについては，都市計画に集落地区計画（５条）を定めるとともに，当該計画に建築物等の用途・建ぺい率・高さの最高限度を定め，また，集落地区計画の区域内で，土地の区画形質の変更，建築物の新築・改築・増築等をする場合は，原則として，市町村長に届出をしなければならない

（6条）。

⑶　集落地区計画は，都市計画法12条の4に規定する「地区計画等」のひとつで，本法に従い，都市計画によって定められる。都市近郊の農村集落について，集落地域の土地の区域内で，営農と居住環境が調和した土地利用を図るための計画である。

17：2　屋外広告物法（昭24法律189号）

⑴　本法は，屋外広告物を取り締まるために制定され，景観法の創設に伴って，屋外広告も良好な景観の形成に影響を与えるという観点から，平成16年に大幅改正された。

立看板，広告旗（いわゆる「のぼり」），広告看板，広告塔などを「屋外広告物」と規定し，また，屋外広告物の表示・屋外広告物を掲出するための物件の設置を行う営業を「屋外広告業」といい（2条），この営業を登録制としている（9条）。

⑵　都道府県・指定都市・中核市・景観行政団体である市町村は，良好な景観又は風致を維持するために必要があると認めるとき等には，次の地域ににおいて，屋外広告物の表示掲出を，条例で禁止することができる（3条）。

- 第一種・第二種低層住居専用地域
- 第一種・第二種中高層住居専用地域
- 田園住居地域，景観地区，風致地区又は伝統的建造物群保存地区の地域

⑶　良好な景観又は風致を維持するために必要があると認めるときなどは，屋外広告物の表示・掲出を条例により知事・首長の許可制とすることができ（4条），また，屋外広告物の基準を条例で定めることができる（5条）。

⑷　屋外広告物条例に違反した屋外広告物については，知事・首長は，相当の期限を定めて，除却を命令することができる（7条1項）。ただし，立看板・のぼり等については，簡易除却制度が設けられており，通知・公告なしに立看板・のぼり等を即時撤去することができる（同条4項）。

17：3（1:4:2，18：4） 幹線道路の沿道の整備に関する法律

（昭55法律34号）

本法は，騒音の著しい幹線道路の沿道について，沿道整備道路の指定，沿道地区計画の決定等に関して必要な事項を定めるとともに，沿道の整備を促進するための措置を講ずることにより，道路交通騒音により生ずる障害を防止し，併せて，適正かつ合理的な土地利用を図り，円滑な道路交通の確保と良好な市街地の形成に資することを目的とする（1条）。

(1) 沿道地区計画とは，都市計画区域内の土地の区域で沿道整備道路に接続するものについて，道路交通騒音障害防止と適正かつ合理的な土地利用を図る観点から，市街地を一体的かつ総合的に整備する計画で都市計画に定められたものをいう（9条）。

(2) 沿道整備道路とは，幹線道路網を構成する道路のうち，自動車交通量が多いとともに道路交通騒音が沿道の生活環境に及ぼす影響が大きく，かつ，道路に隣接する地域に住居等が集合することが確実であるようなものについて，道路交通騒音障害防止と沿道の適正な土地利用を促進する必要があるとして，都道府県知事が指定した区間の道路をいう（5条）。

(3) 市町村は，沿道整備権利移転等促進計画を定めたときは，国土交通省令で定めるところにより，遅滞なく，その旨を公告しなければならない（10条の4）。公告があった沿道整備権利移転等促進計画に係る土地の登記については，政令で，不動産登記法の特例を定めることができる（10条の6）。

○1：4権利移転等の促進計画に係る不動産の登記に関する政令（平6政令258号）

この政令は，1:4:2幹線道路の沿道の整備に関する法律（昭55法律34号）10条の6その他の特例を定めるものとする（1条）。

- 市町村による権利の取得登記の嘱託（2条）
- 嘱託による登記手続（3条）
- 登記識別情報の通知（4条）

- 市町村による代位による登記の嘱託（5条）
- 代位による登記の登記識別情報（6条）
- 法務省令への委任（7条）

17：4（5：4，11：8）　地域における歴史的風致の維持及び向上に関する法律（歴史まちづくり法・昭20法律40号）

本法は，「歴史的風致」の維持及び向上を図るために制定され（1条），次の制度などを規定している。「歴史的風致」とは，地域におけるその固有の歴史及び伝統を反映した人々の活動とその活動が行われる歴史上価値の高い建造物及びその周辺の市街地とが一体となって形成してきた良好な市街地の環境をいう（1条）。

⑴　市町村が，その区域における歴史的風致の維持及び向上に関する方針，重点地区の位置等，文化財の保存・活用などを内容とする歴史的風致維持向上計画を策定して認定を受ける（5条）。

⑵　歴史的風致形成建造物を指定して，その保全を図る（12条）。

⑶　都市計画に歴史的風致維持向上地区計画を定めて建築物等の整備・市街地の保全を図るための行為規制等を行う（33条）。

○地域における歴史的風致の維持及び向上に関する法律運用指針（平31.4.1一部改正）

17：5（1:3:7，1:4:3，9：1，11：2）　密集市街地における防災街区の整備の促進に関する法律（密集法・平9法律49号）

＊まち4

本法は，阪神・淡路大震災の経験を踏まえ，大規模地震時に市街地大火を引き起こす防災上危険な状況にある密集市街地について，再開発や防災街区の整備を目的として制定された。

老朽住宅等の建替えと公共施設の整備を促進し，住環境改善，防災性の向上等を図るため，住宅等の建替え，老朽建築物の除却，公共施設の整備等について総合的に支援を行っている。

○登記の特例（38条）

防災街区整備権利移転等促進計画のによる公告（36条）があった防災街区整備権利移転等促進計画に係る土地の登記については，政令で，不動産登記法の特例を定めることができる。

○密集市街地における防災街区の整備の促進に関する法律による不動産登記に関する政令（平15政令524号）

18　エコまち法

18：1都市の低炭素化の促進に関する法律（平20法律40号）は，多くの二酸化炭素を発生させる都市で，発生を低減させる都市の低炭素化の促進を図ることを目的にして，平成24年に定められた。エコまち法と略される。

18：1　都市の低炭素化の促進に関する法律（エコまち法・平24法律84号）

本法は，社会経済活動その他の活動に伴って発生する二酸化炭素の相当部分が都市において発生していることに鑑み，都市の低炭素化の促進に関する基本的な方針の策定について定めるとともに，市町村による低炭素まちづくり計画の作成及びこれに基づく特別の措置等を講ずることにより都市の低炭素化の促進を図り，もって都市の健全な発展に寄与することを目的とする（1条）。

具体的には，市町村で低炭素まちづくり計画を作成し（7条），二酸化炭素の排出を抑えた建物（低炭素建築物）の建築を促進する（4章）。市街化区域内で低炭素建築物の新築等をする人は，低炭素建築物新築等計画を作成し，その認定を申請して，認定に基づく優遇措置を受けることができる（60条）。

認定低炭素住宅の認定基準は，エコまち法に基づく告示の改正が行われ，令和4年10月から見直しが行われた。その内容は「2050年のカーボンニュートラルを目標とした，より高い条件への引き上げ」である。

18：2（11：15）エネルギーの使用の合理化及び非化石エネルギーへの転換等に関する法律（省エネ法・昭54法律49号・令4法律46号改正）

(1)　本法の施行により，熱管理法（昭26法律146号）は，廃止された。

制定当時の題名は，「エネルギーの使用の合理化に関する法律」で，「エネルギーの使用の合理化に関する法律の一部を改正する等の法律」（平25

法律25号）により，改題され，さらに，令和５年４月１日「エネルギーの使用の合理化及び非化石エネルギーへの転換等に関する法律」と改題された。

⑵ 本法は，内外におけるエネルギーをめぐる経済的社会的環境に応じた燃料資源の有効な利用の確保に資するため，工場，輸送，建築物及び機械器具についてのエネルギーの使用の合理化に関する所要の措置その他エネルギーの使用の合理化を総合的に進めるために必要な措置等を講じ，国民経済の健全な発展に寄与することを目的とする（１条）。

⑶ 低炭素建築物とは，二酸化炭素の排出が少なく，省エネルギー性が高い省エネ建築物を指し，11：12 建築基準法の所管行政庁（都道府県，市又は区）の認定を受けた建築物をいう。

⑷ 東日本大震災以降，エネルギー需給が変化したことやエネルギー利用や地球温暖化問題に関する意識の高まりを受けて，特に多くの二酸化炭素が排出される都市における低炭素化を促進するために「エコまち法」が施行され，このエコまち法に基づいて低炭素化に関する基準に適合した新築の建築物を低炭素住宅と認定するもので，現時点では建築物省エネ基準（平成28年４月１日施行）をクリアすることが前提である。

18：3（11：16） 建築物のエネルギー消費性能の向上（等）に関する法律（建築物省エネ法・平27法律53号・令4法律69号改正）

⑴ 本法は，建築物の省エネルギーについて定める。規制的措置については，平成29年４月１日施行された。

⑵ 社会経済情勢の変化に伴い，建築物におけるエネルギーの消費量が著しく増加していることに鑑み，建築物のエネルギー消費性能の向上に関する基本的な方針の策定について定めるとともに，一定規模以上の建築物の建築物エネルギー消費性能基準への適合性を確保するための措置及び建築物エネルギー消費性能向上計画の認定その他の措置を講ずることにより，エネルギーの使用の合理化等に関する法律と相まって，建築物のエネルギー

消費性能の向上を図り，もって国民経済の健全な発展と国民生活の安定向上に寄与することを目的とする（1条）。

(3) 本法が燃料資源を有効に利用するためエネルギーの使用合理化により，化石燃料を使用する建築物の熱や電気のエネルギーの節約を目的とするのに対し，18：1エコまち法は，二酸化炭素の排出量が多い市街化区域等を持つ都市自体を低炭素化することで，地球環境を保護することを目的とする。

(4) しかし，両者には，建築物省エネ基準が介在して重なり合う規定も多く，令和2年には，すべての新築の建築物に改正省エネ基準への適合義務化が行われ，低炭素建築物の認定制度を持つエコまち法は，建築物省エネ法を先導する役割を担っている。

(5) 令和4年改正により創設した建築物再生可能エネルギー利用促進区域制度が，令和4月1日に施行された。

○認定建築物エネルギー消費性能向上計画に係る建築物の容積率の特例

11：12建築基準法に規定する建築物の容積率の算定基礎となる延べ面積には，認定建築物エネルギー消費性能向上計画に係る建築物の床面積のうち，建築物エネルギー消費性能誘導基準に適合させるための措置をとることにより，通常の建築物の床面積を超えることとなる場合における政令で定める床面積は，算入しないものとする（40条）。

18：4（1:4:2，17：3）幹線道路の沿道の整備に関する法律

（昭55法律34号）

(1) 本法は，道路交通騒音の著しい都市部の幹線道路の沿道について，騒音問題に対処するため，2：3都市計画法上の地区計画として，沿道地区計画を定める。また，交通量と騒音が一定の基準を超え，道路沿いに多くの住宅が建ち並ぶ道路を，沿道整備道路として指定する。

(2) 具体的には，都道府県知事が国土交通大臣の承認を受けて，幹線道路のうち交通騒音が著しく沿道に相当数の住居が密集している道路を沿道整備

道路に指定し（5条），道路及びその沿道の整備について協議するために，関係行政機関による沿道整備協議会を設置し（8条），沿道地区計画をつくる（9条）。

(3) 沿道地区計画は，沿道整備道路に指定された道路沿いの地区について，自動車騒音の影響を減らし，適切な土地利用と環境整備を図るためのものである。

(4) 沿道整備道路に指定されている道路は，次のとおり。

- 国道43号・阪神高速3号神戸線（兵庫県）
- 環状7号線（東京都）
- 環状8号線（東京都）
- 国道4号（東京都）
- 国道23号（三重県）
- 国道254号（東京都）

○不動産登記法の特例

公告（10条の4）があった沿道整備権利移転等促進計画に係る土地の登記については，政令で，不動産登記法の特例を定めることができるが（10条の6），政令は定められていないようである。

18：5　住宅地区改良法（昭35法律84号）

本法は，「不良住宅」が集合すること等により，保安衛生等に関して危険又は有害な状況にある地区（改良地区）において，不良住宅をすべて除去し，生活道路・児童遊園・集会所等を整備するとともに，従前の居住者のための住宅（改良住宅）を建設を促進し，もって公共の福祉に寄与することを目的とする（1条）。

「不良住宅」とは，主として居住の用に供される建築物又は建築物の部分でその構造又は設備が著しく不良であるため居住の用に供することが著しく不適当なものをいう（2条4項）。

なお，本法により，不良住宅地区改良法（昭2法律14号）は廃止された。

18：6　土地収用法（昭26法律219号）

本法は，憲法29条3項の「私有財産は，正当な補償の下に，これを公共のために用ひることができる」との規定に基づき，「公共の利益となる事業に必要な土地等の収用又は使用に関し，公共の利益の増進と私有財産との調整を図り，もって国土の適正且つ合理的な利用に寄与すること」を目的として定められた（1条）。

このような趣旨から，土地収用制度は，事業認定手続（3章）と収用裁決手続（4章）から構成されている。

(1)　裁決手続開始の決定及び裁決手続開始の登記の嘱託（45条の2）

収用委員会は，添付書類の一部を省略して裁決の申請があったとき（44条1項）は，公告期間を経過した後に，これを省略しないで裁決の申請があったときは，縦覧期間（42条2項）を経過した後，遅滞なく，国土交通省令で定めるところにより裁決手続の開始を決定してその旨を公告し，管轄登記所に，その土地及びその土地に関する権利について，裁決手続開始の登記を嘱託しなければならない。

(2)　裁決手続開始の登記の効果（45条の3）

裁決手続開始の登記の後に，当該登記に係る権利を承継し，当該登記に係る権利について仮登記若しくは買戻しの特約の登記をし，又は当該登記に係る権利について差押え，仮差押えの執行若しくは仮処分の執行をした者は，承継，仮登記上の権利若しくは買戻権又は当該処分を起業者に対抗することができない。ただし，相続人その他の一般承継人及び裁決手続開始の登記前に登記された買戻権の行使又は裁決手続開始の登記前にされた差押え若しくは仮差押えの執行に係る国税徴収法による滞納処分，強制執行若しくは担保権の実行としての競売により権利を取得した者の当該権利の承継については，この限りでない（1項）。

裁決手続開始の登記前に，土地が収用され，又は使用されることによる損失の補償を請求する権利については，差押え，仮差押えの執行，譲渡又は質権の設定をすることができない。裁決手続開始の登記後においても，その登記に係る権利で，その登記前に差押え又は仮差押えの執行がされているものに対する損失の補償を請求する権利についても，同様とする（2項）。

18：7　原子力基本法（昭30法律186号）

本法は，日本の原子力政策の基本方針を定めた法律で，原子力の研究・開発・利用を推進し将来のエネルギー資源を確保し，学術の進歩と産業の振興とを図り，人類社会の福祉と国民生活の水準向上に寄与することを目的とする（1条）。

基本方針として，原子力の研究，開発及び利用は平和に限り，安全の確保を大前提として，民主的な運営のもと自主的に行うものとする。また，その成果を公開し，進んで国際協力に資する。この基本方針は，「公開」「自主」「民主」の三原則で保障されている（2条）。

平成23年（2011年）3月11日の東北地方太平洋沖地震に伴う福島第一原発事故を契機に原子力安全規制の体制が抜本的に改革され，一部改正された（平成24年6月27日公布）。

主要な改正点としては，原子力規制委員会と原子力防災会議の設置を定めたこと，原子力安全委員会を削除したことが挙げられる。

18：8　核原料物質，核燃料物質及び原子炉の規制に関する法律（原子炉等規制法・昭32法律166号）

本法は，18：7原子力基本法（昭30法律186号）の精神に則り，核原料物質・核燃料物質・原子炉の平和的利用・計画的利用・災害防止及び核燃料物質の防護を目的とする（1条）。

我が国における原子力の規制は，原子炉（実用発電用原子炉，研究開発段階炉，試験研究炉等）の設置・運転等，核燃料物質に係る製錬，加工，貯蔵，再処理又は廃棄の事業及び核燃料物質又は核原料物質の使用が規制の対象となっている。

18：9（8：10）廃棄物の処理及び清掃に関する法律（廃掃法・昭45法律137号）

本法は，清掃法（昭29法律72号）を全面改正及び廃止する形で成立した。

廃棄物の処理・保管・運搬・処分などに関するルールを定めている。廃棄物を排出する事業者は，その処理・保管・運搬・処分について，廃掃法に基づくルールを遵守しなければなない。特に産業廃棄物については，取扱いについて厳格なルールが定められている（11条～13条）。

本法は，原子力基本法（昭30法律186号）の精神に則り，核原料物質，核燃料物質及び原子炉の利用が平和の目的に限られることを確保するとともに，原子力施設において重大な事故が生じた場合に放射性物質が異常な水準で当該原子力施設を設置する工場又は事業所の外へ放出されることその他の核原料物質，核燃料物質及び原子炉による災害を防止し，及び核燃料物質を防護して，公共の安全を図るために，国際規制物資の使用等に関する必要な規制を行い，もって国民の生命，健康及び財産の保護，環境の保全並びに我が国の安全保障に資することを目的とする（1条）。

本法は，平成29年（法律61号）に次のとおり改正された。

⑴　廃棄物の不適正処理への対応の強化

a　許可を取り消された者等に対する措置の強化（19条の10等）

市町村長，都道府県知事等は，廃棄物処理業の許可を取り消された者等が廃棄物の処理を終了していない場合に，これらの者に対して必要な措置を講ずることを命ずること等ができることとする。

b　マニフェスト制度の強化（12条の5）

特定の産業廃棄物を多量に排出する事業者に，紙マニフェスト（産業廃棄物管理票）の交付に代えて，電子マニフェストの使用を義務づけることとする。

⑵　有害使用済機器の適正な保管等の義務づけ（17条の2）

人の健康や生活環境に係る被害を防止するため，雑品スクラップ等の有害な特性を有する使用済みの機器（有害使用済機器）について，これらの物品の保管又は処分を業として行う者に対する都道府県知事への届出，処理基準の遵守等の義務づけ，処理基準違反があった場合等における命令等の措置の追加等の措置を講ずる。

(3) その他（12条の7）

親子会社が一体的な経営を行うものである等の要件に適合する旨の都道府県知事の認定を受けた場合には，当該親子会社は，廃棄物処理業の許可を受けないで，相互に親子会社間で産業廃棄物の処理を行うことができることとする。

18：10 農用地の土壌の汚染防止等に関する法律（土壌汚染防止法・昭45法律139号）

本法は，農用地の土壌の特定有害物質による汚染の防止及び除去並びにその汚染に係る農用地の利用の合理化を図るために必要な措置を講ずることにより，人の健康を損なうおそれがある農畜産物が生産され，又は農作物等の生育が阻害されることを防止し，もって国民の健康の保護及び生活環境の保全に資することを目的とする（1条）。

現在，特定有害物質（2条）として，カドミウム，銅及びヒ素並びにそれらの化合物が規定されている（同法施行令・昭46政令204号・1条）。

18：11 土壌汚染対策法（土染法・平14法律53号）

本法は，土壌汚染の状況の把握，土壌汚染による人の健康被害の防止を目的とする（1条）。

18：10土壌汚染防止法との違いは，「防止法」が「農用地」の土壌汚染を防止するのが目的であるのに対し，「土染法」は有害物質を取り扱っていた「工場跡地等」の土壌汚染対策を目的とするという点にある。

18：12　水質汚濁防止法（昭45法律138号）

(1)　本法は，公共用水域（2条）及び地下水の水質汚濁の防止を図り，もって国民の健康を保護するとともに生活環境の保全すること等を目的としている（1条）。

(2)　制度の概要は，次のとおりである。

a　人の健康を保護し生活環境を保全する上で維持されることが望ましい基準として，「環境基準」を環境基本法に基づき設定している。設定に際しては，水利用の観点から定められている水道用水の基準，農業用水の基準，水産関係の基準等が参考とされている。環境基準を達成することを目標に，本法に基づいて特定施設を有する事業場からの排水規制及び生活排水対策の推進を実施している。

b　工場や事業場から排出される水質汚濁物質について，物質の種類ごとに排水基準を定めている。

(3)　排出水に対する規制については，特定施設（2条2項）を有する事業場（特定事業場）から排出される水について，排水基準以下の濃度で排水することを義務づけている。

(4)　有害物質（2条2項1号）については，27項目の基準が設定されており，有害物質を排出するすべての特定事業場に基準が適用される。

生活環境項目については，15項目の基準が設定されており，1日の平均的な排水量が50立方メートル以上の特定事業場に基準が適用される。

(5)　排出水に対する規制基準（3条）は，次のとおりである。

a　一律排水基準：国が定める全国一律の基準

b　上乗せ排水基準：一律排水基準だけでは水質汚濁の防止が不十分な地域において，都道府県が条例によって定めるより厳しい基準である。また，上乗せ基準の一部として，排水量の裾下げがある。これは，1日の平均的な排水量が50立方メートル未満の事業場に生活環境項目の基準を適用できるよう同じく条例で定める。

c　総量規制基準：事業場ごとの基準のみによっては環境基準の達成が困難な地域（東京湾，伊勢湾，瀬戸内海）において，一定規模以上の事業場から排出される排出水の汚濁負荷量の許容限度として適用される基準（COD，窒素及びリン）。

18：13　地価公示法（昭44法律49号）

地価公示は，土地鑑定委員会が毎年1回標準地の正常な価格を公示し，一般の土地の取引価格に対して指標を与えるとともに，公共事業用地の取得価格算定の規準とされ，また，6：3国土利用計画法に基づく土地取引の規制における土地価格算定の規準とされる等により，適正な地価の形成に寄与することを目的としている（1条）。

令和6年の地価（1月1日時点）は，3月27日に公表された。

19　農業・農地を活かしたまちづくり

(1)　地方公共団体及び農協が農園を開設する場合に，区画分けされた小面積の農地を短期期間貸し付けるときの農地法上の特例を設けた19：８特定農地貸付けに関する農地法等の特例に関する法律（特定農地貸付法・平元法律58号）が制定され，その後，農機具庫や休憩所等の附帯施設を備えた市民農園の整備を促進するため，19：６市民農園整備促進法（平２法律44号）が制定された。

(2)　平成17年には，特定農地貸付法が改正され，地方公共団体及び農協以外の者による市民農園の開設が可能となった。

(3)　平成30年には，19：７都市農地の貸借の円滑化に関する法律（都市農地貸借法・平30法律68号）が制定され，都市農地の有効活用を目的とした市民農園開設のための都市農地（生産緑地）を借りやすくする仕組みが創設された。

19：１　農業基本法（昭36法律127号）

本法は，農業に関する政策の目標を示すために制定されたが，平成11年に19：２食料・農業・農村基本法（平11法律106号）の施行によって廃止された。「農業界の憲法」という別名があった。

19：２　食料・農業・農村基本法（平11法律106号・令４法律55号改正・令５年５月26日施行）

(1)　本法は，農政の基本理念や政策の方向性を示すものである。

　ａ食料の安定供給の確保，ｂ農業の有する多面的機能の発揮，ｃ農業の持続的な発展，ｄその基盤としての農村の振興，を理念として掲げ，国民生活の安定向上及び国民経済の健全な発展を図ることを目的としている。

(2)　制定からおよそ四半世紀が経過し，世界的な食料情勢の変化に伴う食料安全保障上のリスクの高まりや，地球環境問題への対応，海外の市場の拡大等，我が国の農業を取り巻く情勢が制定時には想定されなかったレベルで変化している。

(3)　このため，基本法を検証し，見直しに向けた議論が行われ，改正法は，法律の基本理念に「食料安全保障の確保」を新たに加え，農産物や農業資材の安定的な輸入を図るほか，農業法人の経営基盤の強化やスマート技術を活用した生産性の向上などに取り組んでいる。

19：3　都市農業振興基本法（平27法律14号）

本法は，市街地及びその周辺地域で行われる農業の安定的な継続を図り，農産物供給，防災空間確保，良好な景観の形成，国土・環境の保全等，都市農業が有する多用な機能の適切かつ十分な発揮を通じて良好な都市環境の形成を図ろうとするものである（1条）。

「都市農業」とは，市街地及びその周辺の地域において行われる農業をいう（2条）。

都市農地の有効活用や保全，良好な市街地形成における農との共存，国民の理解の下に施策を推進することを基本理念としている。

19：4（1:3:1）　農地法（昭27法律229号）

本法は，農業の基盤である農地の所有や利用権関係の仕組みを決めた基本的な法律で，耕作者自らによる農地の所有が果たしてきた重要な役割も踏まえつつ，農地を農地以外のものにすることを規制するとともに農地を効率的に利用する耕作者による地域との調和に配慮した農地についての権利の取得を促進し，農地の利用関係を調整することとされている。

国が農地を買収する場合（7条1項，12条1項）の土地又は建物の登記については，政令で，不動産登記法の特例を定めることができる（13条）。

○農地法による不動産登記に関する政令（昭28政令173号）

(1)　買収による所有権の移転登記（2条～5条）

a　農林水産大臣が買収（7条1項又は12条1項）をした場合における不動

産の所有権の移転登記の嘱託をするときは，買収令書の内容及び対価の支払又は供託があったことを証する情報をその嘱託情報と併せて登記所に提供しなければならない。この場合においては，登記義務者の承諾（不動産登記法116条1項）を得ることを要しない（2条）。

b　aの登記の嘱託をする場合において，買収当時の所有者が登記義務者と同一人でないときは，所有者の氏名等を嘱託情報の内容とし，かつ，登記義務者の同意を証する情報を登記所に提供しなければならない（3条）。

(2)　買収不動産の所有権の保存登記（6条）

買収（2条）をした不動産が所有権の登記がないものであるときは，農林水産大臣は，国を登記名義人とする当該不動産の所有権の保存登記の嘱託をすることができる。

(3)　代位登記（7条，8条）

a　農林水産大臣は，登記（2条又は6条1項）の嘱託をする場合に，必要があるときは，各号に定める者に代わって嘱託することができる（7条）。

b　登記官は，嘱託に基づいて登記を完了したときは，速やかに，登記権利者のために登記識別情報を嘱託者に通知しなければならない（8条1項）。登記識別情報の通知を受けた嘱託者は，遅滞なく，これを登記権利者に通知しなければならない（同条2項）。

19：5　農住組合法（昭55法律86号）

本法は，住宅需要の著しい地域における市街化区域内農地の所有者等が協同で営農の継続を図りつつ，市街化区域内農地を円滑かつ速やかに住宅地等へ転換するための事業を行うために必要な組織を設けることができるようにし，その組織の事業活動を通じて，経済的社会的地位の向上並びに住宅地及び住宅の供給の拡大を図り，これらの地域における住民の生活の安定と福祉の増進に寄与することを目的とする（1条）。

同組合は，全国で86組合ある（令和5年6月末現在）。組合は，政令で定めるところにより，登記をしなければならない（6条1項）。

(1) 農住組合による土地区画整理事業（8条）

国土交通省の市街地のまちづくり活性事業として施策に位置づけている土地区画整理事業の補助制度がある。

市街地区域内農地所有者が住宅地等に転換するために設けられる農住組合が施行する。需要の著しい地域における市街化区域内農地の所有者が，当面の営農の継続を図りながら，その農地を円滑に住宅地等に転換する事業として創設された。

(2) 特定市街化区域農地

三大都市圏の特定市（都市整備区域内の市，政令指定都市）にある市街化区域農地をいう。

東京都特別区内ほか首都圏，近畿圏，中部圏の既成市街地，近郊整備地帯などに所在する市で土地の所在する都市が定められている。

19：6　市民農園整備促進法（平2法律44号）

本法は，市民農園（2条2項）の整備を適正かつ円滑に促進するための措置を講ずることにより，健康的でゆとりある国民生活の確保を図るとともに，良好な都市環境の形成と農村地域の振興に資することを目的とする（1条）。

「認定市民農園建築物」の建築の用に供する目的で行う土地の区画形質の変更で市街化調整区域に係るものは，開発許可の要件（都市計画法34条）の適用については，開発行為（同条14号）に掲げる開発行為とみなす（12条）。

○市民農園関係法の制定・改正経過

(1) 地方公共団体及び農協が開設する場合に，区画分けされた小面積の農地を短期期間貸し付ける場合の農地法上の特例を設けた19：8特定農地貸付けに関する農地法等の特例に関する法律（特定農地貸付法）は，平成元年（法律58号）に制定された。

(2) 平成2年（法律44号）に農機具庫や休憩所等の附帯施設を備えた市民農園の整備を促進するため，市民農園整備促進法が制定された。

(3)　平成17年に特定農地貸付法が改正され，地方公共団体及び農協以外の者による市民農園の開設が可能となった。

(4)　平成30年に19：7都市農地の貸借の円滑化に関する法律（都市農地貸借法・平30法律68号）が制定され，都市農地の有効活用を目的とした市民農園開設のための都市農地（生産緑地）を借りやすくする仕組みが創設された。

(5)　市民農園施設のうち休憩施設である建築物（建築基準法2条1号）その他の市民農園の適正かつ有効な利用を確保するための建築物で政令で定める「認定市民農園建築物」の建築の用に供する目的で行う土地の区画形質の変更であって市街化調整区域（都市計画法7条1項）に係るものは，市街化調整区域に係る開発行為（都市計画法34条）の適用については，同条14号の開発行為とみなすとされた（12条）。

19：7　都市農地の貸借の円滑化に関する法律（都市農地貸借法・平30法律68号）

(1)　市街化区域内の農地は，昭和43年の2：3都市計画法制定以来，都市的土地利用を行うまでの間の暫定的な土地利用とされてきた。そして，近年，都市部での新規就農者，様々なサービスを提供する農業体験農園，地場産野菜を提供するマルシェの開催，特定生産緑地制度に関する関係団体の取組みなど，都市農業・都市農地に関する情報が聞かれるようになった。

(2)　この背景には，平成30年に施行された本法により，生産緑地が借りやすくなるとともに，農地の納税猶予が確定（打切り）されることなく継続する措置が講じられたことや，特定生産緑地地区の指定に向けた手続の本格化など，市街化区域内の都市農地をどうやって引き継いでいくか，各地域で議論が活発化していることが要因のひとつといわれる。

(3)　都市部農地に対するこのような評価も，19：9都市農業振興基本法（平27法律14号）によって，農業生産を通じて，多面的な機能を果たす農地は「都市にあるべきもの」であり「農地として保全することが必要」となり，生産緑地法の改正によって永続的に農地を保全する仕組みができた。

○農地法を適用しない特例

- 認定事業計画に従って認定都市農地について賃借権等が設定される場合など（8条）
- 特定都市農地貸付けの用に供するため賃借権等の設定を受ける場合など（12条）

＊都市農地の貸借の円滑化に関する法律に基づく農地についての不動産登記の申請における添付情報について（平30民二338号）

19：8　特定農地貸付けに関する農地法等の特例に関する法律

（特定農地貸付法・平元法律58号）

本法は，特定農地貸付けに関し，農地法等の特例を定める。特定農地貸付けとは，農地についての賃借権その他の使用及び収益を目的とする権利の設定（農地の貸付け）で，要件に該当するものをいう（2条2項）。

19：9　都市農業振興基本法（平27法律14号）

本法は，市街地及びその周辺地域で行われる農業の安定的な継続を図り，農産物供給，防災空間確保，良好な景観の形成，国土・環境の保全等，都市農業が有する多用な機能の適切かつ十分な発揮を通じて良好な都市環境の形成を図ろうとするものであり（1条），都市農地の有効活用や保全，良好な市街地形成における農業との共存，国民の理解の下に施策を推進することを基本理念としている。

「都市農業」とは，市街地及びその周辺の地域において行われる農業をいう。本法は「基本法」であり，今後の施策運営の基本的な方向を示すものであるため，施策の対象となる都市農業の範囲について厳密な定義は置かれていない。本法に基づく施策の対象地域については，地方公共団体が定める地方計画等の中で具体的に示されることになる。

19：10　農業経営基盤強化促進法（昭55法律65号）

(1)　本法は，日本の農業が国民経済の発展と国民生活の安定に寄与していくためには，効率的かつ安定的な農業経営を育成し，農業生産の相当部分を担うような農業構造を確立することが重要であることから，育成すべき効率的かつ安定的な農業経営の目標を明らかにするとともに，その目標に向けて，農業経営の改善を計画的に進めようとする農業者に対する農用地の利用の集積，これらの農業者の経営管理の合理化その他の農業経営基盤の強化を促進するための措置を総合的に講ずることにより，農業の健全な発展に寄与することを目的とする（1条）。

(2)　国及び地方公共団体は，効率的かつ安定的な農業経営の育成に資するよう農業経営基盤の強化を促進するため，農業生産の基盤の整備及び開発，農業経営の近代化のための施設の導入，農業に関する研究開発及び技術の普及その他の関連施策を総合的に推進するように努めなければならない（2条）。

(3)　農地の貸借方法のひとつである利用権設定等促進事業（21条・相対契約）は，本法の改正により令和7年3月末で制度が廃止される。

○同法（21条）による不動産登記に関する政令（昭55政令288号・令4政令395号廃止）

＊農業経営基盤強化促進法等の一部を改正する法律の施行に伴う不動産登記事務の取扱いについて（平30民二614号）

＊農業経営基盤強化促進法による不動産登記に関する政令の取扱いについて（令3民二675号）

＊（一社）全国農業会議所「農業経営基盤強化促進法の解説　3訂」（2024.3）

19：11　農業振興地域の整備に関する法律（昭44法律58号）

本法は，総合的に農業の振興を図るべき地域の整備に関して，必要な施策を計画的に推進するための措置を定めている（1条）。農用地等（3条）の確保や農業経営の近代化等を図るべき地域を農業振興地域に指定し，その地域に関して，農用地区域等の指定，農業基盤の整備，農業上の土地利用の調整などを内容とする農業振興地域整備計画を定めることとし（2条），さらに，その計画を達成するため，土地の交換分合，農用地区域内における開発行為の制限などの措置を規定する。

農業振興地域制度は，国による「農用地等の確保等に関する基本指針」の策定，県による「農業振興地域整備基本方針」の策定及び農業振興地域の指定，市町村による「農業振興地域整備計画」の策定を中心として，農業生産の基盤である農用地等の確保を図るための基本となる制度である。

○同法等による不動産登記に関する政令（昭55政令178号）

(1)　土改登記令2条，3条及び4章（30条を除く。）の読み替え（2条）

(2)　各種法による不動産登記令の廃止（施行期日2条）

- 首都圏の近郊整備地帯及び都市開発区域の整備に関する法律による不動産登記に関する政令（昭41政令20号）
- 近畿圏の近郊整備区域及び都市開発区域の整備及び開発に関する法律による不動産登記に関する政令（昭47政令376号）
- 流通業務市街地の整備に関する法律による不動産登記に関する政令（昭50政令7号）
- 農住組合法による不動産登記に関する政令（昭56政令171号）
- 集落地域整備法による不動産登記に関する政令（平元政令9号）
- 市民農園整備促進法による不動産登記に関する政令（平2政令22号）

(3)　同法による不動産登記に関する政令等の廃止に伴う経過措置（4条）

19：12（1:4:6）　農林漁業の健全な発展と調和のとれた再生可能エネルギー電気の発電の促進に関する法律（平25法律81号）

(1)　本法は，農山漁村において農林漁業の健全な発展と調和のとれた再生可能エネルギー電気の発電を促進するための措置を講じることにより，農山漁村の活性化を図るとともに，エネルギーの供給源の多様化に資することを目的とする（1条）。再生エネルギー発電を促進して，売電収益の地域還元や地域利用などを通じた所得向上により地域活性化を図るねらいもある。

⑵　所有権移転等促進計画の公告（17条）があったときは，その公告があった所有権移転等促進計画の定めるところによって所有権が移転し，又は地上権，賃借権若しくは使用貸借による権利が設定され，若しくは移転する（18条）。

⑶　公告があった所有権移転等促進計画に係る土地の登記については，政令で，不動産登記法の特例を定めることができる（19条）。

○1：4：6権利移転等の促進計画に係る不動産の登記に関する政令（平6政令258号）

⑴　権利の取得登記の嘱託（2条）

権利移転等の促進計画に係る不動産について，権利を取得した者の請求があるときは，市町村は，その者のために，それぞれ所有権の移転又は地上権若しくは賃借権の設定若しくは移転の登記を嘱託しなければならない。

⑵　嘱託による登記手続（3条）

2条により登記を嘱託する場合には，2条により登記を嘱託する旨を嘱託情報の内容とし，かつ，権利移転等の促進計画の種別に応じ，公告があったことを証する情報及び登記義務者の承諾を証する情報を併せて登記所に提供しなければならない。

⑶　登記識別情報の通知（4条）

登記官は，嘱託による登記を完了したときは，速やかに，登記識別情報を嘱託者に通知しなければならない。通知を受けた嘱託者は，遅滞なく，これを登記権利者に通知しなければならない。

⑷　代位による登記の嘱託（5条）

市町村は，登記を嘱託する場合において，必要があるときは，登記をそれぞれ各号に定める者に代わって嘱託することができる。

⑸　代位による登記の登記識別情報（6条）

4条は，5条による嘱託に基づいて登記を完了したときについて準用する。

○同法に基づく計画に係る農地等の不動産登記の申請書類について（平26.5.30法務省民二304号依命通知）

本法は，土地，水，バイオマスその他の再生可能エネルギー電気の発電のために活用することができる資源が農山漁村に豊富に存在することに鑑み，農山漁村において農林漁業の健全な発展と調和のとれた再生可能エネルギー電気の発電を促進するための措置を講ずることにより，農山漁村の活性化を図るとともに，エネルギーの供給源の多様化に資することを目的とする（1条）。

所有権移転等促進計画に係る土地の登記については，政令で，不動産登記法の特例を定めることができるとの規定（19条）があるが，特例の規定はない。

19：13（1:3:9） 農地中間管理事業の推進に関する法律（昭25法律101号）

(1) 本法は，農地の貸借等の中間管理事業を行うことにより，農業経営の規模の拡大，耕作の事業に供される農用地（2条）の集団化，農業への新たに農業経営を営もうとする者の参入の促進等による農用地の利用の効率化及び高度化の促進を図りながら，併せて農業の生産性の向上に資することを目的とする（1条）。

(2) 本法は，農業の構造改革を推進するための19：10農業経営基盤強化促進法（昭55法律65号）と併せて公布された。この法律により，農地中間管理事業を公正かつ適正に行うことができる法人を都道府県知事が指定し，都道府県に設置されることになり，平成26年に各都道府県に農地中間管理機構（以下「機構」・2条4項，4条）が整備された。

(3) 農用地利用集積等促進計画の公告（18条7項）があった同計画に係る土地の登記については，政令で，不動産登記法の特例を定めることができる（26条の2）。

○同法による不動産登記の特例に関する政令（令4政令395号）

- 機構による代位登記（2条）
- 代位登記の登記権利者のための登記識別情報（3条）
- 既登記の所有権の移転登記の機構による申請（4条）
- 未登記の所有権が移転した場合の機構による登記の申請（5条）
- 添付情報（6条）
- 登記識別情報の機構への通知及び機構による登記権利者への通知（7条）
- 農業経営基盤強化促進法による不動産登記に関する政令（昭55政令288号）は，廃止する（附則2）。

○同政令の取扱いについて（法務省民二532号令和5年3月27日通達）

令和4年5月20日に成立した農業経営基盤強化促進法等の一部を改正する法律（令4法律56号）により，農業経営基盤強化促進法（昭55法律65号）の一部改正及び農地中間管理事業の推進に関する法律（推進法・平25法律101号）の一部改正などが行われた。

改正後の推進法26条の2は，推進法18条7項よる公告があった農用地利用集積等促進計画に係る土地の登記については，政令で，不動産登記法の特例を定めることができるとし，本政令が制定された。

19：14（1：4：5）　農山漁村の活性化のための定住等及び地域間交流の促進に関する法律（平19法律48号）

本法は，農山漁村地域において，高齢化や人口減少が都市部以上に急激に進行すること等により，集落機能の維持が困難な地域の増加に直面している定住等及び地域間交流を促進することによって，関係人口の創出，集落機能の維持につなげ，国民全体が農山漁村の魅力を享受し，農山漁村に新たな活力を生み出すための定住等及び地域間交流を促進する措置を講じることを目的とする（1条）。

所有権移転等促進計画（9条1項）の公告があった所有権移転等促進計画に係る土地の登記については，政令で，不動産登記法の特例を定めることができる（11条）。

○同法（11条）による不動産登記の特例に関する政令（昭55政令288号・令4政令395号廃止）

○1：4権利移転等の促進計画に係る不動産の登記に関する政令による不動産登記法の特例

19：15（1:3:3） 入会林野等に係る権利関係の近代化の助長に関する法律（入会林野近代化法・昭41法律126号）

入会林野等とは，入会林野及び旧慣使用林野のことをいい，地域の慣習によって薪炭材，かや，草等を採取するために共同利用されていた山林原野で「入会」「村山」「割山」等と呼ばれていた。戦後，農業生産技術・生活様式の変化により，従来の利用目的が失われたため，林野庁長官の諮問機関である部落有林野対策協議会の答申（昭和36年）及び林業基本法（昭和39年）を踏まえて，昭和41年に権利関係の近代化のための措置を骨子とする本法が制定された。

(1) 本法は，村落共同体で共同利用される里山等の林野，いわゆる入会地を律する権利関係が，主に明治の近代法制導入前に成立した慣習的な入会権や旧慣使用権であることを勘案して，これらの権利関係を解消し，近代化を促進することを目的とする（1条）。

(2) 都道府県知事は，入会林野整備計画に係る土地について認可（11条1項）による公告（同条3項）をしたときは，同土地について必要な登記を嘱託しなければならない（14条2項）。

(3) 都道府県知事は，遅滞なく，当該法人（生産森林組合又は農地所有適格法人）のために当該権利の取得に関し必要な登記を嘱託しなければならない（同条3項）。

(4) 同土地の登記については，政令で不動産登記法の特例を定めることができる（27条）。

○同法による不動産登記に関する政令（昭42政令27号）

• 都道府県知事による代位登記の嘱託（２条）及び登記権利者への通知（３条）
• 入会林野整備計画に係る土地についての必要な登記の嘱託（法14条２項）（４条，５条）
• 都道府県知事による現物出資による登記の嘱託（６条）

＊江渕武彦「入会権と不動産登記（『入会林野研究』第41号・青嶋報告）に触れて」入会林野研究 No.42（2022）

19：16（1：4：1）　特定農山村地域における農林業等の活性化のために基盤整備の促進に関する法律（平５法律72号）

(1)　本法は，８：７山村振興法，過疎地域自立促進特別措置法（平12法律15号・令３.３.31失効）等において道路，下水道及び住宅等の整備が進められることを前提とし，農林業その他の事業の活性化のための基盤整備を促進することを狙いとして制定された。

(2)「特定農山村地域」とは，地勢等の地理的条件が悪く，農業の生産条件が不利な地域で，土地利用の状況，農林業従事者数等からみて農林業が重要な事業である地域として，政令で定める要件に該当する区域をいう（２条）。

(3)　計画作成市町村は，所有権移転等促進計画を定めたときは，農林水産省令・国土交通省令で定めるところにより，遅滞なく，その旨を公告しなければならない（９条１項）。

(4)　公告があった所有権移転等促進計画に係る土地の登記については，政令で，不動産登記法の特例を定めることができる（11条）。

○１：３：５権利移転等の促進計画に係る不動産の登記に関する政令（平６政令258号）

• 権利の取得登記の嘱託及び登記手続（２条，３条）
• 登記識別情報の通知（４条）
• 代位による登記の嘱託（５条）

- 代位による登記の登記識別情報（6条）
- 法務省令への委任（7条）

○1：3不動産登記令4条の特例等を定める省令（平17省令22号）

- 申請人以外の者に対する通知に関する規定の適用除外

　不動産登記規則183条1項1号（登記完了通知）は，権利移転等の促進計画に係る不動産の登記に関する政令5条1号に掲げる登記をした場合には，適用しない（16条）。

19：17（12：5） 特定市街地区域農地の固定資産税の課税の適正化に伴う宅地促進臨時措置法（昭48法律102号）

(1) 本法は，「特定市街化区域農地」（2条1項）の固定資産税の課税の適正化を図るに際し，同農地の宅地化を促進するため行われるべき事業の施行，資金に関する助成，租税の軽減その他の措置につき必要な事項を定める（1条）。

(2) 「特定市街化区域農地」とは，地方税法（附則19条の2第1項）に規定する市街化区域農地で，都の区域（特別区の存する区域に限る。）及び首都圏整備法（2条1項）等に規定する都市整備区域内にあるものの区域内に所在するもののうち，地方税法附則19条の3の適用を受ける市街化区域農地をいう（2条1項）。

(3) 同農地の所有者から土地区画整理事業の施行の要請を受けた市（3条）は，施行の障害となる事由がない限り，当該事業を施行する（5条）。

20　交通機関

交通機関とは，人の移動や物の輸送，情報の伝達に関する機関の総称で，鉄道・航空機・船舶・自動車及び道路・橋梁など，多くは運輸施設のことをいう。

交通機関は，固定設備と移動可能設備とに分けられ，中でもその輸送力の高さと利便性で代表的な存在が鉄道である。鉄道は，大量輸送ができるだけでなく，自然環境への負荷が少なく，定時性や安全性に優れるという利点がある。また，専用の鉄軌道上で案内，運転されるという特性上，多数の車両を連結して一括運転ができ，一度に大量の旅客や貨物を運送することが可能である。

20：1　都市鉄道等利便増進法（平17法律41号）

本法は，都市鉄道の利便性を高めるため，既存の鉄道施設を有効活用しながら「速達性の向上」と「駅施設の利用円滑化」を促進し，併せて，駅施設と駅周辺施設を一体的に整備することで交通結節機能の高度化を図ることを目的として創設された（1条）。

(1)　鉄道事業法の特例

a　認定構想事業者が速達性向上計画の認定を受けたときは，当該速達性向上計画に記載された速達性向上事業のうち，鉄道事業法による認可を受けなければならないものについては，当該許可又は認可を受けたものとみなす（9条1項）。

b　認定速達性向上事業者は，鉄道事業法に基づく申請又は届出に係る事項が認定速達性向上計画に記載された速達性向上事業に係るものであるときは，当該申請又は届出に係る記載事項又は添付書類の一部を省略する手続によることができる（同条2項）。

c　認定駅施設利用円滑化事業者は，鉄道事業法基づく申請又は届出に係る事項が認定交通結節機能高度化計画に記載された駅施設利用円滑化事業に係るものであるときは，当該申請又は届出に係る記載事項又は添付書類の一部を省略する手続によることができる（18条）。

⑵　軌道法の特例

a　認定構想事業者が速達性向上計画の認定を受けたときは，当該速達性向上計画に記載された速達性向上事業として行われる軌道整備事業又は軌道運送事業については，軌道法３条による特許を受けたものとみなす（10条１項）。

b　国土交通大臣は，軌道整備事業又は軌道運送事業について特許がその効力を失い，又は取り消されたときは，軌道運送事業に係る軌道整備事業の特許を取り消すことができる（同条２項）。

⑶　都市計画法の特例（19条～21条）

a　認定交通結節機能高度化計画（14条４項）に都市施設に関する都市計画に関する事項が記載されているときは，都市計画決定権者は，当該都市施設に関する都市計画の案を作成して，都道府県都市計画審議会に付議するものとする。ただし，災害その他やむを得ない理由があると認められるときは，この限りでない（19条）。

b　認定交通結節機能高度化計画（14条６項）に都市施設に関する都市計画事業の施行予定者及び施行予定者である期間が記載されているときは，付議して定める都市計画には，都市計画法11条２又は３項に定める事項のほか，同高度化計画に従って，施行予定者及び施行予定者である期間を定める（20条）。

c　施行予定者として定められた者は，施行予定者である期間の満了の日までに，都市計画法による認可又は承認の申請をしなければならない。ただし，当該日までに都市計画事業の施行として行う行為に準ずる行為として国土交通省令で定めるものに着手しているときは，この限りでない（21条）。

20：2　全国新幹線鉄道整備法（昭45法律71号）

本法は，全国的に新幹線を整備することにより，経済の発展や地域の振興を行うことを目的とする（1条）。

国土交通大臣は，新幹線の建設を円滑に行うために，新幹線鉄道（主たる区間を列車が毎時200キロメートル以上の高速度で走行できる幹線鉄道・2条）建設に要する土地等（線路や駅など）を行為制限区域に指定することができ，同区域内では，原則として，土地の形質の変更又は工作物の新設・改築・増築が禁止される（11条1項）。

なお，通常の鉄道事業や軌道事業は，鉄道（軌道）事業を経営しようする者（民間や地方公共団体など）が主体となり，国土交通大臣の許可（特許）を得て建設，営業をするのに対し，新幹線鉄道は，本法に基づき，国土交通大臣が主体となって計画し，その整備を図る。

20：3　航空法（昭27法律231号）

本法は，航空機の離着陸，航行の安全，航空機の航行に起因する障害の防止等を図ることを目的として制定された（1条）。

(1)　建築物に関連することとしては，飛行場の設置許可の告示があった後は，原則として，航空機の離発着などの障害となるおそれのある区域の土地には，一定の高さ以上の建築物や植物等を設置してはならず，規定に反して設置した場合は，空港の設置者により除去することを求められるなど，航行安全性の観点から飛行場周辺等のエリアについて，建築物の制限を設けている（49条各項）。

(2)　(1)の区域内に所有地があり，建築物の制限によって，その土地をこれまでのように利用できなくなるときは，その土地の買収を求めることができる（49条4項）。

(3)　ドローンやラジコン機などの無人航空機の普及に伴い，平成27年に航空法の一部が改正され，無人航空機の飛行に許可が必要な空域や飛行の方法について制定された。また，令和元年には，装備品の安全規制などについて制度改正が行われ，無人航空機についても新たな飛行ルールが追加された（132条の85～）。

(4) 自衛隊の運用する航空機は，本法を適用しない範囲が定められている（自衛隊法107条）。在日米軍の運用する航空機は，本法の特例法である「日本国とアメリカ合衆国との間の安全保障条約に基づく行政協定の実施に伴う航空法の特例に関する法律」（昭27法律232号）や日米地位協定により，日本の航空法ではなく，アメリカ合衆国の航空法により米国運輸省連邦航空局（FAA）の監督を受ける。

○民法の特例

航空運送事業による旅客の運送に係る取引に関して民法548条の２第１項を適用する場合は，同項２号中「表示していた」とあるのは，「表示し，又は公表していた」とする（134条の４）。

21　災害対策

○地震・津波・火山・大雨・台風・土砂災害・竜巻・大雪

我が国は，自然災害が多いことから，平常時には堤防等のハード整備やハザードマップの作成等のソフト対策を実施し，災害時には救急救命，平成28年（2016年）4月の熊本地震で活用したプッシュ型物資支援，職員の現地派遣による人的支援，激甚災害指定や被災者生活再建支援法等による資金的支援等，「公助」による取組みを続けている。

しかし，現在想定されている南海トラフ地震のような広域的な大規模災害が発生した場合には，公助の限界についての懸念も指摘されている。人口減少により過疎化が進み，自主防災組織や消防団も減少傾向にあるなか，災害を「他人事」ではなく「自分事」として捉え，国民一人一人が減災意識を高め，具体的な行動を起こすことが重要である。

21：1　災害対策基本法（昭36法律223号）

本法は，昭和34年の伊勢湾台風を契機として，昭和36年に制定された災害対策関係法の一般法である。本法制定以前は，災害の都度，関連法律を制定し，他法律との整合性について充分考慮されないままに作用していたため，防災行政は，充分な効果を挙げることができなかった。

そこで，防災体制の不備を改め，災害対策全体を体系化し，総合的かつ計画的な防災行政の整備及び推進を図ることを目的（1条）として制定されたものであり，阪神・淡路大震災後の平成7年には，その教訓を踏まえ，2度にわたり災害対策の強化を図るための改正が行われた。

○廃棄物処理の特例（86条の5）

(1)　著しく異常かつ激甚な非常災害であって，災害による生活環境の悪化を防止することが特に必要と認められる事態が発生した場合には，当該災害を政令で指定する。

(2)　環境大臣は，(1)による指定があったときは，期間を限り，廃棄物（18：

９廃棄物の処理及び清掃に関する法律２条１項）の処理を迅速に行わなければならない地域を「廃棄物処理特例地域」と指定することができる。

⑶　環境大臣は，⑵により廃棄物処理特例地域を指定したときは，同地域において適用する廃棄物の収集，運搬及び処分（再生を含む。）に関する基準並びに廃棄物の収集，運搬又は処分を市町村以外の者に委託する場合の基準を定めるものとする。

⑷　廃棄物処理特例地域において地方公共団体の委託を受けて廃棄物の収集，運搬又は処分を業として行う者は，廃棄物処理法（７条１項若しくは６項，14条１項若しくは６項又は14条の４第１項若しくは６項）の規定にかかわらず，これらの規定による許可を受けないで，当該委託に係る廃棄物の収集，運搬又は処分を業として行うことができる。

⑸　⑷の場合において，地方公共団体の長は，廃棄物の収集，運搬又は処分を業として行う者により廃棄物処理特例基準に適合しない廃棄物の収集，運搬又は処分が行われたときは，その者に対し，期限を定めて，当該廃棄物の収集，運搬又は処分の方法の変更その他必要な措置を講ずべきことを指示することができる。

⑹　環境大臣は，⑵により廃棄物処理特例地域を指定し，又は⑶により廃棄物処理特例基準を定めたときは，その旨を公示しなければならない。

＊防災行政研究会編集「逐条解説　災害対策基本法　第四次改訂版」（ぎょうせい　2024．4）

21：2　河川法（昭 39 法律 167 号）

本法は，河川の洪水・高潮などによる災害の発生を防ぐこと，河川が適性に利用されること，流水の正常な機能が維持されるように管理することを目的としている（１条）。

⑴　河川には，国土保全や国民の経済上特に重要な河川で国土交通大臣が指定する一級河川と一級河川以外の重要な河川で都道府県知事が指定する二級河川のほか，市町村が指定・管理する準用河川及び本法の適用を受けな

い普通河川がある。

(2)　湖や沼であっても，水系の一部とされる場合が多い。琵琶湖（淀川水系）・霞ヶ浦（利根川水系）は典型例である。

海に接していない内陸県にある河川は，基本的に一級河川であるが，例外は，山梨県の本栖湖・精進湖・西湖で，これらの湖は，どの水系にも属していないため，二級河川の扱いである。三重県の銚子川水系，和歌山県の日置川水系と日高川水系は，流域が内陸の奈良県に跨るものの二級河川である。

(3)　河川区域内の土地において工作物を新築し，改築し，又は除却しようとする者は，河川管理者の許可を受けなければならない（26条1項）。

＊西田　玄（前国土交通委員会調査室）「災害対策関係法律をめぐる最近の動向と課題 ― 頻発・激甚化する災害に備えて ―」（立法と調査 2018．9　No.404）

21：3　特定都市河川浸水被害対策法（平15法律77号）

本法は，都市部を流れる河川の流域において，著しい浸水被害が発生し，又はそのおそれがあり，かつ，河道等の整備による浸水被害の防止が市街化の進展により困難な地域について，特定都市河川（2条）及び特定都市河川流域として指定する（1条）。

本法が定めている主な対策事項は，次のとおりである。

(1)　特定都市河川及び特定都市河川流域の指定（3条）

著しい浸水被害が発生し，又はそのおそれがあって，通常の河川整備による浸水被害の防止が市街化の進展により困難な河川及びその流域を指定する。指定は，国土交通大臣又は都道府県知事が行う。

(2)　流域水害対策計画の策定（4条）及び実施等（5条）

(3)　雨水の流出の抑制のための規制等（6条～8条）

(4)　都市洪水想定区域及び都市浸水想定区域の指定等（32条，33条）

21：4　海岸法（昭31法律101号）

(1)　本法は，津波・高潮（台風や発達した低気圧が海岸地域を通過する際に生じる海面の高まり）・波浪（波）などから海岸を守ることを目的として定められた（1条）。

本法は，頻発していた油流出事故への適切な対応，自動車の乗入れ等による海岸環境の悪化から貴重な動植物の生息・生育環境を保全する制度となっていないことや，長大な海岸線に比して，海岸保全区域以外の海岸については法律の対象となっていないことなどの問題点があったこと等を踏まえ，平成11年に，海岸の「環境の整備と保全」，「適正な利用の確保」を追加するとともに，法定外公共物であった国有海浜地を一般公共海岸区域として法の対象とするなど43年ぶりに抜本的な改正を行い，現在に至っている。

(2)　都道府県知事は，津波・高潮・波浪その他海水及び地盤の変動による被害から海岸を防護するため，海岸保全施設（堤防など）の設置等の管理を行う区域を海岸保全区域として指定することができる（3条）。

(3)　国土保全上極めて重要であり，かつ，地理的条件及び社会的状況により，都道府県知事が管理することが著しく困難又は不適当な海岸で政令で指定したものに係る海岸保全区域の管理は，国（国土交通大臣が主務大臣・40条1項6号）が海岸管理者となる。ただし，令和4年現在，指定されている海岸は，東京都小笠原村沖ノ鳥島の海岸のみである。

21：5（13：12，15：7）津波防災地域づくりに関する法律（平23法律123号）

○基本方針

a　津波浸水想定の設定

b　推進計画の作成

c　津波防護施設の管理

d　津波災害警戒区域及び津波災害特別警戒区域の指定

(1)　本法は，東日本大震災の津波による被災をきっかけに，津波災害の防止と将来にわたって安心して暮らすことのできる安全な地域の整備を目的に制定された。

東日本大震災により甚大な津波の被害を受けたことから，復興に当たっては，将来を見据えた津波災害に強い地域づくりを推進する必要があり，また，将来起こりうる津波災害の防止・軽減のため，全国で適用できる一般的な制度を創設する必要があったことが背景にある。

(2)　津波防災地域の整備は，国土交通大臣による基本指針の策定及び都道府県知事による津波浸水想定を踏まえて，市町村が地域づくりの推進計画を作成する。推進計画区域における特別の措置は，土地区画整理事業（12条～14条）と津波からの避難に資する建築物の容積率の特例（15条）である。

(3)　津波防災住宅等建設区

a　津波による災害の発生のおそれが著しく，かつ，当該災害を防止し，又は軽減する必要性が高いと認められる区域内の土地を含む土地（推進計画区域内にあるものに限る。）の区域において津波による災害を防止し，又は軽減することを目的とする土地区画整理事業の事業計画においては，施行地区（土地区画整理法２条４項）内の津波による災害の防止又は軽減を図るための措置が講じられた又は講じられる土地の区域における住宅及び公益的施設の建設を促進するため特別な必要があると認められる場合には，国土交通省令で定めるところにより，当該土地の区域であって，住宅及び公益的施設の用に供すべきもの（「津波防災住宅等建設区」）を定めることができる（12条１項）。

b　津波防災住宅等建設区は，施行地区において津波による災害を防止し，又は軽減し，かつ，住宅及び公益的施設の建設を促進する上で効果的であると認められる位置に定め，その面積は，住宅及び公益的施設が建設される見込みを考慮して相当と認められる規模としなければならない（同条２項）。

c　事業計画において津波防災住宅等建設区を定める場合には，事業計画は，推進計画に記載された事項（10条3項3号ハ・土地区画整理事業に係る部分に限る。）に適合して定めなければならない（12条3項）。

(4)　津波防災住宅等建設区への換地

a　津波防災住宅等建設区が定められたときは，施行地区内の住宅又は公益的施設の用に供する宅地（土地区画整理法2条6項）の所有者で当該宅地についての換地に住宅又は公益的施設を建設しようとする者は，施行者に対し，換地計画において当該宅地についての換地を津波防災住宅等建設区内に定めるべき旨の申出をすることができる（13条1項）。

b　申出に係る宅地について住宅又は公益的施設の所有を目的とする借地権を有する者があるときは，申出についてその者の同意がなければならない（同条2項）。

c　申出は，公告があった日から起算して60日以内に行わなければならない（同条3項）。

d　施行者は，申出が要件に該当すると認めるときは，申出に係る宅地を，換地計画においてその宅地についての換地を津波防災住宅等建設区内に定められるべき宅地として指定し，申出が要件に該当しないと認めるときは，申出に応じない旨を決定しなければならない（同条4項）。

(5)　津波防災住宅等建設区への換地

換地を津波防災住宅等建設区内に定められるべき宅地として指定された宅地については，換地計画において換地を津波防災住宅等建設区内に定めなければならない（14条）。

(6)　津波からの避難に資する建築物の容積率の特例

推進計画区域（津波災害警戒区域である区域に限る。）内の基準に適合する建築物については，防災上有効な備蓄倉庫その他これに類する部分で，建築基準法に規定する特定行政庁が交通上，安全上，防火上及び衛生上支障がないと認めるものの床面積は，同法に規定する建築物の容積率（同法59条1項等に規定するものについては，これらの規定に規定する建築物の容積率の最高限度に係る場合に限る。）の算定の基礎となる延べ面積に算入しない（15条）。

(7)　次（省略）に掲げる条件のいずれにも該当する区域（2条14項）であって，当該区域内の都市機能を津波が発生した場合においても維持するための拠点となる市街地を形成することが必要であると認められるものについては，都市計画に一団地の津波防災拠点市街地形成施設を定めることができる（17条）。

21：6　砂防法（明30法律29号）

本法は，砂防施設等に関する事項を定めている。21：8地すべり等防止法（昭33法律30号），21：9急傾斜地の崩壊による災害の防止に関する法律（急傾斜地法・昭44法律57号）と併せて「砂防三法」と呼ばれる。21：2河川法（昭39法律167号），8：5森林法（昭26法律249号）と併せて「治水三法」といわれることもある。

「執行罰」すなわち行政上の義務を義務者が怠る場合に，行政庁が一定の期限を示し，期限内に履行しないか，履行しても不十分なときは過料を課すことを予告して義務者に心理的圧迫を加えて義務の履行を強制する，行政法上の強制執行のひとつに関する規定が，条文（36条）として現行法で唯一残されている法律といわれている。もっとも，砂防法に基づく行政行為として執行罰は行われていないにもかかわらず，条文から執行罰規定が削除されていないのは，特に理由はなく，法文の整理漏れであろう。

21：7　土砂災害警戒区域等における土砂災害防止対策の推進に関する法律（土砂災害防止法・平12法律57号）

本法は，がけ崩れや土石流，地すべりなどの土砂災害の発生するおそれがある区域を指定し，警戒避難態勢の整備や開発行為の制限など土砂災害の防止のための対策の推進を図るための法律である。

土砂災害対策を定めた法律は，21：6砂防法，21：8地すべり等防止法，21：9急傾斜地の崩壊による災害の防止に関する法律（急傾斜地法）などがあるが，これらはいずれも行政により土砂災害防止施設（がけ崩れ防止用の擁壁や砂防堰堤など）を設置する際の根拠法として定められたものである。

これに対し，本法は，人家に影響を及ぼすおそれのある土砂災害の発生する可能性のある区域を，土砂災害防止施設の有無にかかわらず全て明らかにすることを目的としている。

本法に基づき，人家に影響を及ぼすおそれのある区域を現地調査し，「土砂災害警戒区域」（イエローゾーン・6条）と「土砂災害特別警戒区域」（レッドゾーン・8条）を指定する。

イエローゾーンでは，行政が当該区域における警戒避難体制の整備を図ることを義務づけられている（7条3項）。レッドゾーンでは，イエローゾーンと同様の警戒避難体制の整備するとともに，都市計画法に基づく特定開発行為（住宅宅地分譲，社会福祉施設等の建設）に許可を要すること（9条）や，建築基準法に基づく建築確認の際に建物構造上で建築基準法20条に基づく土砂災害対策が施されているかどうかを確認する（23条）などの制限事項を定めている。

○砂防三法と本法との違い

従前のいわゆる砂防三法（砂防法・地すべり等防止法・急傾斜地法）と本法との違いは，砂防三法は，主にハード対策・原因地対策を中心とした土砂災害の原因地に着目したものであったのに対し，本法は，ソフト対策を中心とした被害を受ける区域に着目したことである。

21：8　地すべり等防止法（昭33法律30号）

本法は，地すべり及びぼた山の崩壊による被害を除却し，又は軽減するため，地すべり及びぼた山の崩壊を防止し，国土の保全と民生の安定に資することを目的として制定された（1条）。

(1)　地すべりとは，土地の一部が地下水等に起因してすべる現象又はこれに伴って移動する現象をいう（2条1項）。

(2)　地すべり防止区域とは，法の目的を達するため，国土交通大臣又は農林水産大臣が指定した地域（地すべり地域）をいう（3条1項）。

(3)　ぼた山とは，石炭又は亜炭に係る捨石が集積されてできた山をいう（2条2項）。

(4)　ぼた山崩壊防止区域とは，地すべり等防止法の目的を達するため国土交通大臣又は農林水産大臣が指定したぼた山の存する区域であって，公共の利害に密接な関連を有するものをいう（4条1項）。

21：9　急傾斜の崩壊による災害の防止に関する法律（急傾斜地法・昭44法律57号）

本法は，急傾斜地の崩壊による災害から人命を守るため，急傾斜地（傾斜度が30度以上の土地・2条1項）の崩壊を防止に必要な措置を講じることを目的として定められた（1条）。

都道府県知事は，崩壊するおそれのある急傾斜地で，その崩壊により相当数の居住者の危害が生ずるおそれのある土地及びこれに隣接する土地のうち，急傾斜地の崩壊が助長されたり誘発されるおそれがないようにするために，一定の行為を制限する必要がある土地の区域を「急傾斜地崩壊危険区域」として指定することができる（7条1項）。

21：10　地域再生法（平17法律24号）

本法は，地域経済の活性化，地域における雇用機会の創出など地域の活力の再生を総合的，効果的に推進するための法律である（1条）。

地域再生は，地方公共団体の自主的，自立的な取組みによって行うとされ，そのため次のような措置が定められている。

(1)　政府による「地域再生基本方針」の決定（4条）

(2)　地方公共団体による「地域再生計画」の作成とその認定（5条）

(3)　「認定地域再生計画」に基づく事業に対する支援措置（13条）

(4)　地域再生推進法人の指定（12条5項）

＊地域再生法に基づく計画に係る農地等の不動産登記の申請書類について

（平26民二844号・民二843号）

21：11　水防法（昭24法律193号）

本法は，洪水や高潮に際して，水災を警戒・防御して，被害を軽減することを目的とし（1条），水防組織と水防活動の全般について定めている。

水防行政の基本的な責任主体は，市町村とされているが，関係市町村が共同して設置する水防事務組合や，水害予防組合法（明41法律50号）に基づいて設立される地縁的な公共組合である水防予防組合も，補完的に水防に責任を負うものとされている。これら三つの団体を水防管理団体（4条）といい，水防事務を処理するために水防団を置くことができる。

なお，水害ハザードマップ（15条3項）とは，市町村が提供する水害（洪水，雨水出水，高潮）ハザードマップをいう。

22　観光文化都市

観光文化都市とは，憲法95条に基づき一の地方公共団体のみに適用される「特別法」により，観光・温泉等の文化・親善を促進する地域として指定された都市をいう。

平和記念都市の建設，平和産業港湾都市への転換等を図るため制定された広島平和記念都市建設法（昭24法律219号）等，14の特別都市建設法において，各特別都市は，都市建設の目的にふさわしい諸施設の計画を含めた特別都市建設計画を定め，特別都市建設事業を実施することとされている。

なお，３：１特別都市計画法（大12法律53号）及び３：２特別都市計画法（昭21法律19号）は，廃止されている。

22：1　特別都市建設法

22:1:1　広島平和記念都市建設法（昭24法律219号）

被爆後，廃墟と化した広島市の復興は，人口の急減や建物の崩壊などに伴う税収の激減により，遅々として進まなかった。そこで，考え出されたのが，憲法第95条による特別法（特定の地方公共団体にのみ適用される法律）の制定である。特別法である本法は，昭和24年５月に衆参両院満場一致で可決されたが，特別法の制定のためには，住民投票で過半数の同意が必要であるため，同年７月７日に住民投票が行われ，圧倒的多数の賛成を得て，８月６日に公布・施行された。

この法律により，広島市を世界平和のシンボルとして建設することが国家的事業として位置づけられた。

22:1:2　長崎国際文化都市建設法（昭24法律220号）

22:1:3　旧軍港市転換法（軍転法・昭25法律220号）

本法は，大日本帝国憲法下の日本において軍港を有していた「旧軍港四市（横須賀市，呉市，佐世保市，舞鶴市）」を平和産業港湾都市に転換することにより，平和日本実現の理想達成に寄与することを目的として制定された法律

（特別都市建設法）である。軍転法とも呼ばれる。

＊石丸紀興「特別法『旧軍港市転換法』適用都市における都市政策の展開と課題」

＊山本理佳「旧軍港市転換法の運用実態に関する一考察」

22：1：4　別府国際観光温泉文化都市建設法（昭25法律221号）

22：1：5　伊東国際観光温泉文化都市建設法（昭25法律222号）

22：1：6　熱海国際観光温泉文化都市建設法（昭25法律233号）

22：1：7　横浜国際港都建設法（昭25法律248号）

22：1：8　神戸国際港都建設法（昭25法律249号）

22：1：9　奈良国際文化観光都市建設法（昭25法律250号）

22：1：10　京都国際文化観光都市建設法（昭25法律251号）

22：1：11　松江国際文化観光都市建設法（昭26法律7号）

22：1：12　芦屋国際文化住宅都市建設法（昭26法律8号）

22：1：13　松山国際観光温泉文化都市建設法（昭26法律117号）

22：1：14　軽井沢国際親善文化観光都市建設法（昭26法律253号）

22：2　22：1のほか，名称に「都市建設」を含む法律

22：2：1　筑波研究学園都市建設法（昭45法律73号）

本法は，筑波研究学園都市の建設に関する総合的な計画を策定し，その実施を推進することにより，試験研究及び教育を行うのにふさわしい研究学園都市を建設するとともに，これを均衡のとれた田園都市として整備し，あわせて首都圏の既成市街地における人口の過度集中の緩和に寄与することを目的としている（1条）。

「筑波研究学園都市」とは，つくば市の区域を地域とし，当該地域内に，首都圏の既成市街地にある試験研究機関及び大学並びに前条の目的に照らし設置することが適当であると認められる機関の施設を移転し，又は新設し，かつ，研究学園都市にふさわしい公共施設，公益的施設及び一団地の住宅施設を一体的に整備するとともに，当該地域を均衡のとれた田園都市として整

備することを目的として建設する都市をいう（2条）。

22：2：2　関西文化学術研究都市建設促進法（昭62法律72号）

関西文化学術研究都市（けいはんな学研都市）は，京都府，大阪府，奈良県の3府県7市1町にまたがる地域で創造的な学術・研究を行い，新しい産業や文化などの発信拠点となるため，国家プロジェクトとして建設・整備が進められている広域都市である。

大学，研究施設，文化施設など150を超える施設が集積し，高度な研究や独自の技術を生かした研究開発など，さまざまな分野で顕著な成果を生み出し，世界でも有数のサイエンスシティとして成長している。

22：3　国際観光温泉文化都市

(1)　憲法95条に基づく個別の特別法により国際的な観光・温泉等の文化・親善を促進する地域として指定された都市をいう。昭和25年から昭和26年にかけて制定された個別の特別法である「特別都市建設法」により9都市が指定されている。

(2)　国民生活，文化及び国際親善に果たす役割が大きい都市とされ，それらの法令に基づき実施される整備事業等に対し，国庫からの補助がされる。

(3)　平成29年3月までは，このほかに「国際観光文化都市の整備のための財政上の措置等に関する法律」（昭52年法律71号）及びこれに基づく「国際観光文化都市の整備のための財政上の措置等に関する法律施行令」（昭52年政令308号）により3都市が指定されていたが，「国際観光文化都市の整備のための財政上の措置等に関する法律」が平成29年3月31日限りで失効したため，現在では個別の特別法によるものだけになっている。

(4)　建設計画及び建設事業については，法律に特別の定めがある場合を除く外，2：3都市計画法の適用がある。

22：3：1　熱海国際観光温泉文化都市建設法（昭25法律233号）7条

22：3：2　伊東国際観光温泉文化都市建設法（昭25法律222号）8条

22：3：3　別府国際観光温泉文化都市建設法（昭25法律221号）7条

22：3：4　松山国際観光温泉文化都市建設法（昭 26 法律 117 号）７条

22：4　国際文化観光都市

国際文化観光都市とは，憲法 95 条に基づく個別の特別法により，国際的な観光・温泉等の文化・親善を促進する地域として指定された都市をいう。昭和 25 年から昭和 26 年にかけて制定された個別の特別法である「特別都市建設法」によって９都市が指定された。

平成 29 年３月 31 日までは，このほかに国際観光文化都市の整備のための財政上の措置等に関する法律（昭 52 法律 71 号）及びこれに基づく同法施行令（昭 52 政令 308 号）により，３都市が指定されていたが，同法が失効したため，現在は，個別の特別法によるものだけになっている。いずれも２：３都市計画法を適用する。

22：4：1　軽井沢国際親善文化観光都市建設法（昭 26 法律 253 号）

軽井沢町が世界において稀にみる高原美を有し，優れた保健地であり，国際親善に貢献した歴史的実績を有するに鑑み，国際親善と国際文化の交流を盛んにして世界恒久平和の理想の達成に資するとともに，文化観光施設を整備充実して外客の誘致を図り，我が国の経済復興に寄与する。

22：4：2　京都国際文化観光都市建設法（昭 25 法律 251 号）

京都市が世界において，明びな風光と歴史的，文化的，美術的に重要な地位を有することに鑑み，国際文化の向上を図り世界恒久平和の理想の達成に資するとともに，文化観光資源の維持開発及び文化観光施設の整備によって我が国の経済復興に寄与する。

22：4：3　奈良国際文化観光都市建設法（昭 25 法律 250 号）

奈良市が世界において，明びな風光と歴史的，文化的，美術的に重要な地位を有することに鑑みて，国際文化の向上を図り世界恒久平和の理想の達成に資するとともに，文化観光資源の維持開発及び文化観光施設の整備によって我が国の経済復興に寄与する。

22:4:4　松江国際文化観光都市建設法（昭 26 法律 7 号）

松江市が明びな風光と我が国の歴史，文化等の正しい理解のため欠くことのできない多くの文化財を保有し，ラフカデイオ・ハーン（小泉八雲）の文筆を通じて世界的に著名であることに鑑みて，同市を国際文化観光都市として建設し，その文化観光資源の維持開発及び文化観光施設の整備によって，国際文化の向上を図り，世界恒久平和の理想の達成に資するとともに，我が国の経済復興に寄与する。

22：5　国際文化都市

２：３都市計画法を適用する。

22:5:1　長崎国際文化都市建設法（昭 24 法律 220 号）

国際文化の向上を図り，恒久平和の理想を達成するため，長崎市を国際文化都市として建設する。

22:5:2　芦屋国際文化住宅都市建設法（昭 26 法律 8 号）

芦屋市が国際文化の立場から見て恵まれた環境にあり，かつ，住宅都市として優れた立地条件を有していることに鑑みて，同市を国際文化住宅都市として外国人の居住にも適合するように建設し，外客の誘致，ことにその定住を図り，我が国の文化観光資源の利用開発に資し，国際文化の向上と経済復興に寄与する。

22：6　国際港都

神戸国際港都建設法は，兵庫県神戸市を「その沿革及び立地条件にかんがみて，わが国の代表的な国際港都としての機能を十分に発揮し得るよう建設することによつて，貿易，海運及び外客誘致の一層の振興を期し，もつてわが国の国際文化の向上に資するとともに経済復興に寄与すること」を目的としている。第二次世界大戦後に制定された特別都市計画法に基づき策定された「復興都市計画」を受け継ぎ，それを発展させて制定された特別都市建設法のひとつである。

同日に同じ趣旨の法律として，横浜市を対象とした横浜国際港都建設法が制定された。

いずれも２：３都市計画法の適用がある（各7条）。

22:6:1　神戸国際港都建設法（昭25法律249号）

22:6:2　横浜国際港都建設法（昭25法律248号）

22：7　歴史的風土の保存

古都における歴史的風土の保存に関する特別措置法（昭41法律1号）により，古都の歴史的風土を保存するために指定される区域を「歴史的風土保存区域」という。

22:7:1（11:7）古都における歴史的風土の保存に関する特別措置法

（古都保存法・昭41法律1号）

本法は，「古都」（往時の政治，文化の中心等として歴史上重要な地位を有する市町村・２条）における歴史上意義を有する建造物，遺跡等が周囲の自然的環境と一体として古都における伝統と文化を具現し，形成している土地の状況を「歴史的風土（２条２項）」ととらえ，これを後世に引き継ぐべき国民共有の文化的資産として適切に保存するため国等において講ずべき措置を定めている（1条）。

現在，京都市，奈良市，鎌倉市，天理市，橿原市，桜井市，奈良県生駒郡斑鳩町，同県高市郡明日香村，逗子市及び大津市の10市町村が「古都」に指定されており，これらの市町村は，歴史的風土保存区域の指定や歴史的風土特別保存地区の都市計画決定等の措置を講じ，区域内での開発行為を規制すること等により，古都における歴史的風土の保存を図っている。

(1)　歴史的風土保存区域中の重要な地域は，「都市計画」によって「歴史的風土特別保存地区」とすることができる（6条）。

都市計画によって歴史的風土特別保存地区が決定されたときは，その旨を表示する標識が設置その他の適切な方法により特別保存地区である旨が明示される（同条2項）。

(2)　歴史的風土特別保存地区において，建築物の建築，工作物の建築，宅地造成，土地開墾，土地の形質変更，土石採取，木竹の伐採を行うには，知事又は指定都市の市長による「許可」が必要である。また，屋外広告物の表示・掲出，建築物・工作物の色彩変更についても知事又は指定都市の市長の許可が必要であり，景観や伝統建築物が厳しく保護されていることに特徴がある（8条）。

(3)　上記の許可を得ることができないために，損失を受けた者には，府県は，通常生ずるべき損失を補償する必要がある。ただし，他の法律（建築基準法など）でも不許可処分となっているときや，社会通念上都市計画の趣旨に著しく反するときは，損失補償を受けることができない（9条）。

(4)　上記の許可を得ることができないため，土地の利用に著しい支障を来し，買入れの申し出があったときは，府県は，当該土地を時価で買入れなければならない（11条）。

22:7:2　都市の美観風致を維持するための樹木の保存に関する法律（昭37法律142号）

本法は，都市の美観風致を維持するため，樹木の保存に関し必要な事項を定め，都市の健全な環境の維持及び向上に寄与することを目的とする（1条）。

本法により，市町村長は，都市計画区域内の樹木について保存樹又は保存樹林の指定することができる（2条1項）。

平成28年度末現在，全国25都市において保存樹は3,701本，保存樹林は214件でその面積は69ヘクタール指定されている。

なお，一部の自治体の条例では保存樹，保存樹林について本法の指定範囲を越える対象を指定できることとし，実際に条例独自の保存樹，保存樹林を指定している。これは，本法の規定が排他的なものではないため条例において独自に保存樹，保存樹林を定めることが可能であることによる。

22:7:3（11:9）　明日香村における歴史的風土の保存及び生活環境の整備等に関する特別措置法（明日香法・昭55法律60号）

(1)　奈良県高市郡明日香村は，我が国の律令国家が形成された時代における政治及び文化の中心的な地域であり，往時の歴史的，文化的資産が村の全域にわたって数多く存在し，周囲の環境と一体となって，他に類を見ない貴重な歴史的風土を形成している。

(2) このような明日香村の貴重な歴史的風土は，農林業等の地域の産業をはじめとする明日香村住民の日常的な生活の中で保存され育まれてきたものであることから，明日香村における歴史的風土を将来にわたって良好に保存していくためには，住民の生活の安定や産業の振興との調和が不可欠であるといえる。

(3) そこで，本法を制定し，古都保存法の特例として第一種及び第二種歴史的風土保存地区を定め（2条2項），村全域にわたる行為規制を行うとともに，明日香村整備計画に基づく生活環境及び産業基盤の整備等の事業や明日香村整備基金（8条）による事業を実施し，明日香村の貴重な歴史的風土の保存と住民生活の安定及び産業振興との調和を図るための特別の措置を講じている。

22：8　国際観光文化都市

国際観光文化都市とは，憲法95条に基づく個別の特別法により国際的な観光・温泉等の文化・親善を促進する地域として指定された都市をいう。

昭和25年と昭和26年に制定された個別の特別法である「特別都市建設法」により9都市が指定されている。

22:8:1　国際観光文化都市の整備のための財政上の措置等に関する法律

（昭52法律71号・平成29年3月31日失効）

22:8:2　成田国際空港周辺整備のための国の財政上の特別措置に関する法律（昭45法律7号）

(1) 本法は，新東京国際空港（現 成田国際空港）を建設する際，空港の周辺地域における公共施設その他の施設の計画的な整備を行うことを目的としている（1条）。施行時の名称は「新東京国際空港周辺整備のための国の財政上の特別措置に関する法律」である。本法律に基づき「成田国際空港周辺地域整備計画」（昭和45年）が立てられ，公共工事等が行われた。

⑵　道路，河川，生活環境施設，教育施設，消防施設，農地及び農業用施設，その他の事業の区分が対象である。施設の種類ごとに補助率や事業主体が別表に規定されている。

⑶　本法による財政援助の期間は，昭和53年度までとされていたが，延長が繰り返され，直近では2019年に有効期限が10年延長された結果，2028年（令和10年）度末（2029年3月31日）までとされている。

22：8：3　新産業都市建設促進法（昭37法律117号・平成13年4月1日廃止）

本法は，大都市における人口及び産業の過度の集中を防止し，地域格差の是正を図るとともに，雇用の安定を図るため，産業の立地条件及び都市施設を整備することにより，その地方の開発発展の中核となるべき新産業都市の建設を促進し，もって国土の均衡ある開発発展及び国民経済の発達に資することを目的として制定された法律である。

新産業都市建設促進法等を廃止する法律（平13法律14号）によって廃止された。

このほか工業整備特別地域整備促進法（昭39法律146号）及び新産業都市建設及び工業整備特別地域整備のための国の財政上の特別措置に関する法律（昭40法律73号）が廃止された。

23 その他

23：1 高齢者の居住の安定確保に関する法律（サ高住法・平13法律26号）

本法は，高齢者が日常生活を営むために必要な福祉サービスの提供を受けることができる良好な居住環境を備えた高齢者向けの賃貸住宅（サ高住）等の登録制度を設けるとともに，良好な居住環境を備えた高齢者向けの賃貸住宅の供給を促進するための措置を講じ，併せて高齢者に適した良好な居住環境が確保され高齢者が安定的に居住することができる賃貸住宅について終身建物賃貸借制度を設ける等の措置を講ずることにより，高齢者の居住の安定の確保を図り，もってその福祉の増進に寄与することを目的とする（1条）。

施行から10年経った平成23年に，高齢世帯の急激な増加や，諸外国と比較して，日本の高齢者住宅が不足している状況などを背景に，全面改正された。

23：2 高齢者，障害者等の移動等の円滑化の促進に関する法律（バリアフリー法・平18法律91号）

本法は，高齢者，障害者等の自立した日常生活及び社会生活を確保することの重要性に鑑み，公共交通機関の旅客施設及び車両等，道路，路外駐車場，公園施設並びに建築物の構造及び設備を改善するための措置，一定の地区における旅客施設，建築物等及びこれらの間の経路を構成する道路，駅前広場，通路その他の施設の一体的な整備を推進するための措置その他の措置を講ずることにより，高齢者，障害者等の移動上及び施設の利用上の利便性及び安全性の向上の促進を図り，もって公共の福祉の増進に資することを目的とする（1条）。

東京オリンピック・東京パラリンピックに向けたバリアフリー施策の一層の促進を図るため，平成30年（平30法律32号）と令和2年（令2法律28号）

に法改正が行われた。この改正に伴い，次の制度化が行われた。

(1)　市町村がバリアフリー方針を定めるバリアフリーマスタープラン制度の創設

(2)　公共交通事業者等に対して取組みの進捗状況の報告及び公表の義務化とソフト基準適合義務の創設

(3)　公共交通機関の乗継ぎ円滑化のための協議への応諾義務の創設

(4)　障害者等の参画の下で政策内容の評価を行う会議（移動等円滑化評価会議）の設置

23：3　地理空間情報活用推進基本法（平19法律63号）

本法は，「現在及び将来の国民が安心して豊かな生活を営むことができる経済社会を実現する上で地理空間情報を高度に活用することを推進することが極めて重要であることにかんがみ，地理空間情報の活用の推進に関する施策に関して，基本理念を定め，並びに国及び地方公共団体の責務等を明らかにするとともに，地理空間情報の活用の推進に関する施策の基本となる事項を定めることにより，地理空間情報の活用の推進に関する施策を総合的かつ計画的に推進すること」を目的とする（1条）。

その上で，地理空間情報の活用推進に関する施策等を行う上では，次のような事項を基本理念として実施することが必要であるとしている（3条）。

(1)　情報整備，人材育成，連携体制整備などの施策について，総合的・体系的に実施する。

(2)　GIS，衛星測位の両施策による地理空間情報の高度活用の環境を整備する。

(3)　信頼性の高い衛星測位によるサービスを安定して利用できる環境を整備する。

(4)　国土の利用や整備等の推進，国民の生命や財産等の保護，行政運営の効率化・高度化，国民の利便性の向上，経済社会の活力の向上等に寄与する施策を講ずる。

⑸ 民間事業者の能力の活用，個人の権利利益や国の安全等の保護に配慮して施策を講ずる。

23：4 大深度地下の公共的使用に関する特別措置法（大深度地下使用法・平12法律87号）

⑴ 平成13年6月に大深度地下使用法の対象事業に共通する技術的な指針として「大深度地下使用技術指針」が策定され，さらに，基本方針に記述されている内容を具体的に運用するために「安全の確保，環境の保全，バリアフリー化の推進・アメニティーの向上」に関する三つの指針が策定された。

⑵ 大深度地下使用法の認可を受けようとする際には，基本方針，各指針との適合が必要となる。対象地域は，人口の集中度等を勘案して政令で定める地域とし，三大都市圏（首都圏，近畿圏，中部圏）の一部区域が指定されている。

たとえ公共事業であっても，地価の高い大都市圏で地下鉄などを建設しようとすると，莫大な地上権設定料が必要になるため，地下鉄や高速道路は公道の下しか通せず，様々な弊害を生み出していた。

⑶ 土地の所有権は，地下及び空中に及ぶ絶対的な権利であるが，本法は，地下40メートル以深の空間（大深度地下）には地上の所有権が及ばず，公共目的であれば使用できるというもので，大深度地下であれば，土地所有者に地上権設定料を支払うことなく地下にトンネルを掘ることが可能である。

⑷ リニア中央新幹線は，大都市圏内において大深度地下を利用する予定で，品川駅も大深度に建設予定である。ただし，東京にある一部の地下鉄など，大深度法の施行前に計画・建設された地下鉄や道路は，さかのぼって大深度法が適用されることはない。そのため，大深度法施行前に設定された地上権は，40メートルより深い所にトンネルが通っていても地上権は存続する。

⑸　本法は，憲法 29 条に反するという見解がある。土地の所有権は，大深度地下にも及んでいると解されているから，土地所有者などの権利者の承諾が必要であり，憲法 29 条にいう「正当な補償」が必要であるという。

⑹　本法には，事業区域に事業者の「使用権」が設定されたことや，土地の所有者等がその部分の使用を制限されることに対する「補償」の規定は置かれていない。

これが憲法違反でない理由として，立法時から，「大深度地下は，通常人が利用せず，地表に影響を与えることもない」ので，土地の所有者に損失を与えないことが前提とされてきた。しかし，調布陥没事故によって，その前提が崩れ，大深度法が合憲だという論拠が失われた。(注)

(注)「大深度法」は，もともと憲法 29 条違反の法律である。したがって，東京外環道事業及びリニア中央新幹線事業に対する大深度地下使用認可は無効であり，大深度法自体，早急に廃止されるべきとの見解がある（武内 更一「大深度法―その経緯と問題点」月刊『住民と自治』2021 年 6 月号）。

◎2：3都市計画法の改正

近年の頻発・激甚化する自然災害に対応するため，災害ハザードエリアにおける開発抑制，移転の促進などを目的に，都市計画法及び都市計画法施行令の一部が改正され，令和４年４月１日に施行された。改正の概要は，次のとおりである。

なお，自己用住宅（いわゆる「分家住宅」）の立地については従前のとおりで，今回の規制対象となっていない（都計法 34 条 14 号）。

⑴　災害レッドゾーン（注１）における開発の原則禁止（自己居住用の住宅を除く。）（同法 33 条１項８号）

これまで，この規定による規制対象は，非自己用の建築物の建築を目的にした開発行為とされていたが，新たに自己業務用の建築物の建築を目的とした開発行為が規制の対象に追加された。

これにより，法律が施行された令和４年４月１日以降は，自己居住用の建築物の建築を目的とした開発行為以外の開発行為は，原則として，災害危険区域，地すべり防止区域，土砂災害特別警戒区域，急傾斜地崩壊危険区域（注2）を開発区域に含むことができなくなった。

(2) 災害レッドゾーンからの移転を促進するための開発許可の特例（新設・同法34条8号の2）

市街化調整区域内の災害レッドゾーン内に存する住宅等を同一の市街化調整区域の災害レッドゾーン以外の土地に移転する場合の特例が新設された。

許可の対象は，災害レッドゾーン内に存する住宅等が移転先においても用途や規模が同様の建築物であること等が条件となる。

(3) 市街化調整区域の浸水ハザードエリア等（注3）の開発の厳格化（同法34条11号，12号）

市街化を抑制すべきである市街化調整区域では開発行為が制限されているが，地方公共団体が条例で指定した区域では，特例的に一定の開発行為が可能となる。

区域を指定する場合は，都市計画法施行令で定める基準に従い，地方公共団体が条例で指定をしている。法令が改正されたことにより，地方公共団体が条例で指定する区域には，原則として，災害レッドゾーンや浸水ハザードエリア等を含めてはならないことを明記した。

(4) 浸水被害防止区域の指定（特定都市河川浸水被害対策法56条1項・平15法律77号）

洪水や雨水によって住民等の生命・身体に著しい危害が生じるおそれがあるとして指定された区域をいう。原則として，流域水害対策計画において床上浸水（水深50cm以上）が想定される区域が対象となる。浸水被害防止区域に指定されると，一定の開発・建築について制限がある。区域の指定は，都道府県知事等が行う。

（注1） 災害レッドゾーンとは，次の区域をいう。

a 災害危険区域（建築基準法39条1項）

地方公共団体は，津波，高潮，出水等による危険の著しい区域を災害危険区域として条例で指定し，住居の用に供する建築の禁止等，建築物の建築に関する制限で災害防止上必要なものを当該条例で定めることができる制度である。

b　土砂災害特別警戒区域（21：7土砂災害警戒区域等における土砂災害防止対策の推進に関する法律9条1項）

土砂災害特別警戒区域（レッドゾーン）は，土砂災害警戒区域（イエローゾーン）のうち，建築物に損壊が生じ，住民等の生命又は身体に著しい危害が生ずるおそれのあると認められる土地の区域で，一定の開発行為の制限及び居室を有する建築物の構造の規制がある。

c　地すべり防止区域（地すべり等防止法3条1項）

関係都道府県知事の意見を聴いて，国土交通大臣又は農林水産大臣が指定した区域である。

（注2）　急傾斜地崩壊危険区域は，次のとおり。

21：9急傾斜地の崩壊による災害の防止に関する法律（急傾斜地法・昭44法律57号）3条に基づき，関係市町村長（特別区の長を含む。）の意見を聴いて，都道府県知事が指定した区域で，急傾斜地崩壊危険区域の指定を要する土地（区域）は，次の各区域を包括する区域である。

a　崩壊するおそれのある急傾斜地（傾斜度が30度以上の土地をいう。以下同じ。）で，その崩壊により相当数の居住者その他の者に被害のおそれのあるもの

b　aに隣接する土地のうち，急傾斜地の崩壊が助長・誘発されるおそれがないようにするため，一定の行為制限の必要がある土地の区域

（注3）　浸水ハザードエリア等とは，次の土地の区域をいう。

a　21：11水防法の浸水想定区域等のうち，災害時に人命に危険を及ぼす可能性の高いエリア（浸水ハザードエリア）

b　土砂災害警戒区域（21：7土砂災害警戒区域等における土砂災害防止対策の推進に関する法律7条1項・平12法律57号）

⑸　市街化調整区域の開発の厳格化（都計法34条11号，12号）

市街化を抑制すべき区域である市街化調整区域では，開発行為等が厳しく制限されているが，都市計画法34条11号により，市街化区域に隣接，近接等の要件が整った土地の区域のうち，都道府県等の条例で指定した区域（条例区域），また，同条12号（都市計画法施行令36条1項3号ハを含む。）の規定では，開発区域の周辺における市街化を促進するおそれがないと認められる等，都道府県の等の条例で区域（条例区域），目的，予定建築物の用途を限り定めたものは，一定の開発行為等が可能となっている。ただし，都は，同法34条11号に基づく条例を定めていない。また，同条12号に基づく条例のうち，区域については定めていないようである。

令和２年６月の都計法の改正では，近年の災害において市街化調整区域での浸水被害や土砂災害が多く発生していることを踏まえ，法律が施行された令和４年４月１日以降は，条例区域や，開発行為及び建築行為を行う区域に，原則として，災害リスクの高いエリアを含むことができなくなったのである。

⑹　土砂災害警戒区域（21：７土砂災害警戒区域等における土砂災害防止対策の推進に関する法律７条１項）

⑺　浸水想定区域（21：11水防法15条１項４号）

浸水想定区域のうち，洪水，雨水，出水又は高潮が発生した場合に住民その他の者の生命又は身体に著しい危害が生ずるおそれがあると認められる次の土地の区域

- 政令８条１項２号ロからニまでに掲げる土地の区域
- 溢水，湛水，津波，高潮等による災害の発生のおそれのある土地の区域
- 優良な集団農地その他長期にわたり農用地として保存すべき土地の区域
- 優れた自然の風景を維持し，都市の環境を保持し，水源を涵養し，土砂の流出を防備する等のため保全すべき土地の区域

◎近年の登記先例

○所有権に関する登記の申請の際に必要となる申請情報及び添付情報について

民法等の一部を改正する法律（令3法律24号），不動産登記令等の一部を改正する政令（令5政令297号）及び不動産登記規則等の一部を改正する省令（令6省令7号）によって，所有権に関する登記の申請の際に必要となる申請情報及び添付情報について，令和6年4月1日，次のとおり変更された。

(1)　法人を所有権の登記名義人とする登記の申請について

法人を所有権の登記名義人とする登記の申請の際には，①から③の法人識別事項を申請情報として提供する。また，②③の法人については，添付情報として，法人識別事項を証する情報を提供する。

①会社法人等番号を有する法人……会社法人等番号

②会社法人等番号を有しない外国法人……設立準拠法国

③会社法人等番号を有しない①②以外の法人……設立根拠法

(2)　海外居住者（自然人・法人）を所有権の登記名義人とする登記の申請について

海外居住者（自然人・法人）を所有権の登記名義人とする登記を申請するときは，国内における連絡先となる者の氏名・住所等の国内連絡先事項を申請情報として提供する。国内連絡先となる者がいないときはその旨を申請情報とすることができる。

また，添付情報として，国内連絡先事項を証する情報，国内連絡先となる者の承諾情報及び国内連絡先となる者の印鑑証明書（又は電子署名及び電子証明書）を提供する。

なお，「外国に住所を有する外国人又は法人が所有権の登記名義人となる登記の申請をする場合の住所証明情報の取扱いについて」（令和5年12月15日付法務省民二1596号通達）に基づく住所を証する情報を提供する。

(3)　外国人を所有権の登記名義人とする登記の申請について

外国人を所有権の登記名義人とする登記の申請の際には，申請情報として，ローマ字氏名を，添付情報として，ローマ字氏名を証する情報を提供する。ただし，代位により登記を申請する場合その他の登記名義人となる者等以外の者が登記を申請する場合において，登記名義人となる者等が住民基本台帳に記録されていない外国人であるためローマ字氏名を証する情報の提出が困難であるときは，例外的にローマ字氏名を申請情報として提供しないこととして差し支えない。

○民法等の一部を改正する法律の施行に伴う不動産登記事務の取扱いについて（所有権の登記の登記事項の追加関係）（令和6年3月22日付け法務省民二第551号通達）

○不動産登記規則等の一部を改正する省令の施行に伴う不動産登記事務の取扱いについて（ローマ字氏名併記関係）（令和6年3月22日付け法務省民二第552号通達）

まちづくり関係法と登記特例　索引

【事項索引】

［き］

［け］

［し］

［な］

［に］

［み］

［む］

［も］

［ゆ］

［よ］

［り］

［れ］

［ろ］

【登記特例索引】

まちづくり関係法と登記特例
都市計画法からくにづくり

2025年3月19日　初版発行

著　者　五十嵐　徹
発行者　和　田　裕

発行所　日本加除出版株式会社
本　社　〒171－8516
東京都豊島区南長崎3丁目16番6号

組版・印刷　㈱亨有堂印刷所　　製本　牧製本印刷㈱

定価はカバー等に表示してあります。
落丁本・乱丁本は当社にてお取替えいたします。
お問合せの他、ご意見・感想等がございましたら、下記までお知らせください。

〒171-8516
東京都豊島区南長崎3丁目16番6号
日本加除出版株式会社　営業部
電話　03-3953-5642
FAX　03-3953-2061
e-mail　toiawase@kajo.co.jp
URL　www.kajo.co.jp

【お問合せフォーム】

ISBN978-4-8178-4996-0